マンガでわかる
半導体

渋谷　道雄／著
高山　ヤマ／作画
トレンド・プロ／制作

Ohmsha

本書を発行するにあたって、内容に誤りのないようできる限りの注意を払いましたが、本書の内容を適用した結果生じたこと、また、適用できなかった結果について、著者、出版社とも一切の責任を負いませんのでご了承ください。

本書に掲載されている会社名・製品名は一般に各社の登録商標または商標です。

本書は、「著作権法」によって、著作権等の権利が保護されている著作物です。本書の複製権・翻訳権・上映権・譲渡権・公衆送信権（送信可能化権を含む）は著作権者が保有しています。本書の全部または一部につき、無断で転載、複写複製、電子的装置への入力等をされると、著作権等の権利侵害となる場合がありますので、ご注意ください。
本書の無断複写は、著作権法上の制限事項を除き、禁じられています。本書の複写複製を希望される場合は、そのつど事前に下記へ連絡して許諾を得てください。
(社)出版者著作権管理機構
(電話 03-3513-6969, FAX 03-3513-6979, e-mail：info@jcopy.or.jp)

JCOPY ＜(社)出版者著作権管理機構 委託出版物＞

まえがき

「マンガでわかる半導体」という題名から、ごくごく簡単な入門書を想像された読者の方も多いかと思う。

本書は、どちらかというと、物理学（あるいは物性工学）の立場から半導体という物質の持つ性質を解説し、電子回路としてどのように活用されているかを解説するつもりである。半導体というものを解説する入門書の多くは、その素材の持つ性質に注目するよりも、現在、身の回りで活用されている電子技術に目が向いているようである。

その結果、うわべだけの知識でわかったような気になってしまい、なかなか次の段階への探求力にならないように思う。単なる雑学としての知識ではなく、より深く掘り下げたレベルの知識が、さらに探究心を掻き立てることになるだろう。

現在、半導体は、工業的に量産されるようになり身近な存在となったが、半導体を使って実現されるすべての現象が理論的に解明されているわけではない。しかし、量子力学や固体物理学はこれまで多くの現象を説明し、新たなアイディアを生み出す理論的なバックグラウンドとして大きな成功をおさめてきた。

本書では、入門書にありがちな、安易なたとえ話をできるだけ避け、可能な限り現実の物質を捉えるために必要な概念の解説を試みた。

物質を作り出す原子がどのようにつながりあっているのか、物質の中で電子がどのように電気を運ぶのか、などについて知ることで、半導体の本来の意味が見えてくるはずである。

2010 年 4 月

渋 谷 道 雄

目次

CONTENTS

プロローグ　俺とメイドとカレーライス ... 1

第1章　半導体ってなんだろう ... 7

- 1　半導体とは ... 8
  - ・どこに注目するか ... 9
  - ・導体と絶縁体 ... 10
- 2　産業のコメ ... 12
  - ・IC ... 13
  - ・トランジスタ ... 13
- 3　高速化するIC ... 15
  - ・FET ... 18
- 4　パソコン関連以外のIC ... 19
  - ・マイコンとは ... 20
  - ・電源回路 ... 22
  - ・ダイオード ... 23
  - ・LED ... 25
  - ・その他の半導体製品 ... 27
- 5　フォローアップ ... 30
  - ・シリコンバレーの発祥の地 ... 30
  - ・トランジスタ ... 32
  - ・IT、PC、CPU ... 32
  - ・ゴードン・ムーアとムーアの法則 ... 33

第2章　アナログとデジタルの世界 ... 35

- 1　人間の五感はほぼアナログ ... 36
- 2　デジタルとは1と0のこと？ ... 41
  - ・2値論理 ... 42
  - ・bit（ビット） ... 44
- 3　標本化と量子化 ... 45
  - ・ブール代数 ... 45
  - ・論理回路 ... 46
  - ・正論理と負論理 ... 47
  - ・2値論理 ... 49
- 4　デジタル信号 ... 52
  - ・ハイレベルとローレベル ... 53
- 5　フォローアップ ... 59
  - ・携帯電話の場合… ... 59
  - ・ブール代数 ... 59

第3章　半導体部品とその材料　　69

1　導体（金属・半金属など）の比較　　70
- 導体　　73
- オームの法則の利用　　74
- 比抵抗　　76

2　シリコンやゲルマニウム　　77
- 比抵抗の温度依存性　　78
- 周辺の学問・技術　　80

第4章　さまざまな物質の原点、それは原子　　83

1　原子の構造と周期表　　84
- 電子のエネルギー状態　　88
- 整流特性　　95
- 原子の集まり、分子と結晶　　98

2　フォローアップ　　109
- 周期表の補足解説　　109
- 真性半導体とエネルギー・バンド構造の補足　　111

第5章　不純物を少し混ぜたシリコン単結晶　　115

- 不純半導体のエネルギーバンド　　116
- 結晶は平面でなく立体　　122
- ドナーレベル　　123

第6章　不純物半導体の応用、ダイオードとトランジスタ　　129

1　シリコンダイオード　　130
2　トランジスタ　　146
- バイポーラトランジスタ　　146
- FET（電界効果トランジスタ）　　154

3　フォローアップ　　166
- CPUなどの基本構成要素、論理回路の基本的な構造　　166
- バイポーラ・トランジスタ（npn型）の動作概念　　172

周期表　　184
索引　　186
参考文献・図書　　188

プロローグ
PROLOGUE

俺とメイドとカレーライス

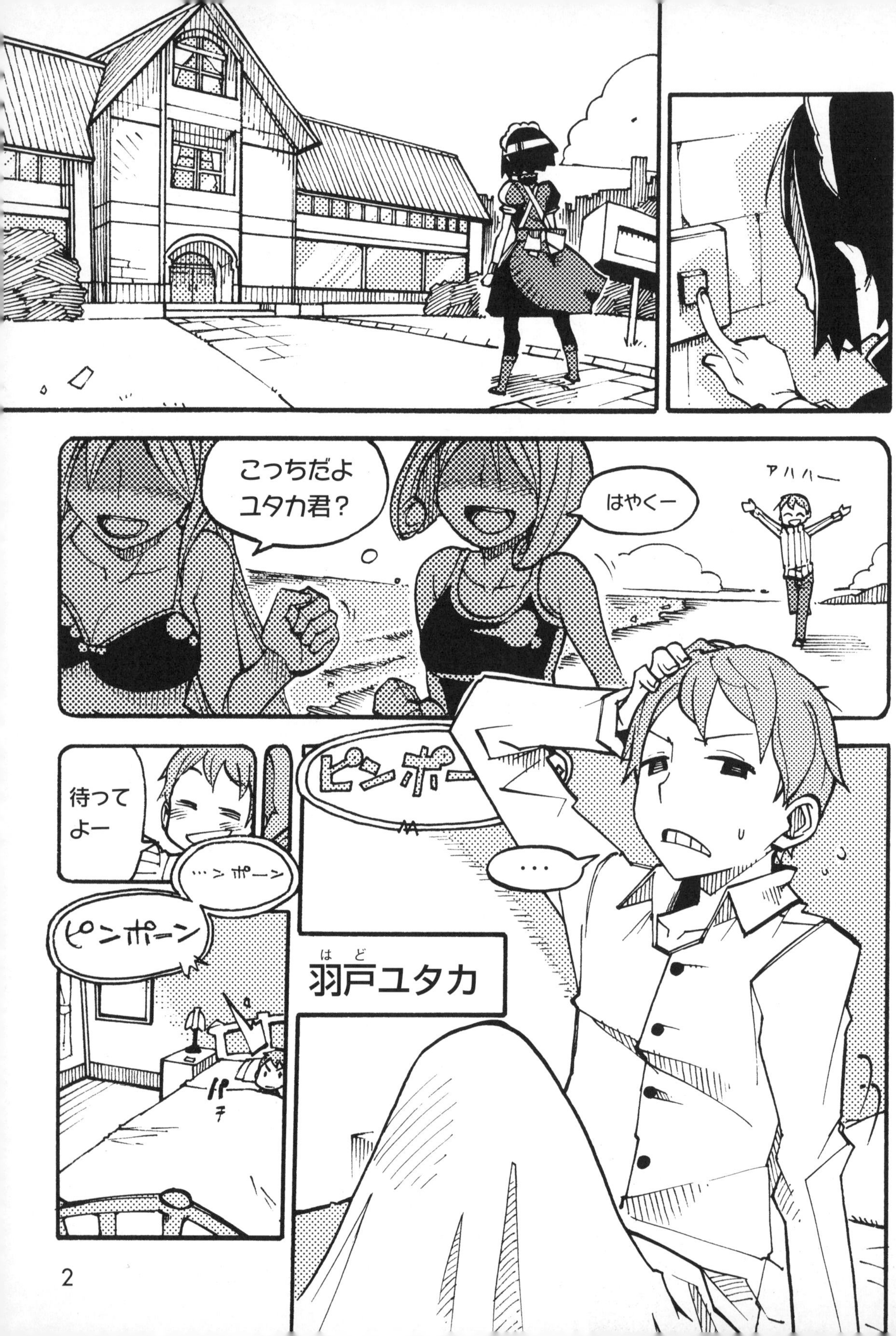

アハハー
はやくー
こっちだよ ユタカ君？
ピンポー
・・・
待ってよー
…ンポーン
ピンポーン
パチ
羽戸（はど）ユタカ

誰だこんな朝早く…

初めまして!!奈園メイと申します!

謎の 奈園メイ

お父上様のご命令によりユタカ様のお世話を…って説明がまだ…

まあまあ立ち話もなんだし!

君若いね歳いくつ?お世話ってどういうこと?

それより今度デートでも…

えー、いや…だから!

お父上様から預かってまいりました!

手紙?

プロローグ 俺とメイドとカレーライス

3

ユタカ、元気か!?
いつも家に帰れなくてすまん！
お前も一人で大変だろうから
住み込みの家政婦さんを
雇うことにした
仲良くしろよ！
わっはっは!!!
あの親父
勝手なことを
……!!
…
お父上様って
超大手半導体企業の
社長さんなんですよね？
ああ
それプラス
息子の気持ちは
わからねーと
きてる…
ぐつぐつ
ばん
悪いけど
帰ってくれ！
ウチに家政婦は
いらない…
ぐつぐつ？
あ
ご飯まだですよね？
すぐにできますから
ねー!!
ぐつ
きいてないし…
ご飯
つくってるし…
しかし
この香り…

はいどうぞ！

カレーライスです！

そしてこの味…！

死んだ母さんの作るカレーとうりふたつじゃないか…

俺の母さん！！

お食事の間にお台所の整頓しちゃっていいですかー？

えっ？

一緒に母さんの思い出も消えそうで極力掃除は避けてきたんだけど…

ああ…

この子だと…

不思議と嫌じゃない…

よーし！がんばりますよー！！！

それにメイドのいる生活ってのも悪くない

ナニコレ!?女の子と一緒の写真ばっかり！

それにこの携帯女の子のアドレスばっかり！

勝手に人のプライベートまであさるなー！！！

第1章
CHAPTER 1

半導体ってなんだろう

1 半導体とは

ただいまー

ご主人様っ！

私に半導体を教えてください！

はぁ！？なんで急に

ずっと前から気になってたんです半導体！！

でも

私は忙しいからそういうことは息子に聞きなさい

お父上様が

あいつめ…面倒なことを

お父上様はいつも半導体のことばかり考えていました

半導体って何？
甘美な響き…

し、仕方ないな
いいよ

わぁやったぁ！

なんか勘違いしとるな…

個人レッスンお願いします！

個人レッスン！？

個人レッスン…なんて甘美な響きなんだ

● どこに注目するか

半導体

そもそも半導体とは何か

なんて一言では言えない

たとえば
1. 半導体という物質に注目
2. そしてその物質を利用した電子回路部品に注目
3. またその部品を設計・製造に関わる半導体産業として注目
4. 部品として活用するための基礎技術（設計・製造方法）に注目

では

半導体をどのような方向から注目するかによって見え方が全然違う

?

第1章 半導体ってなんだろう　9

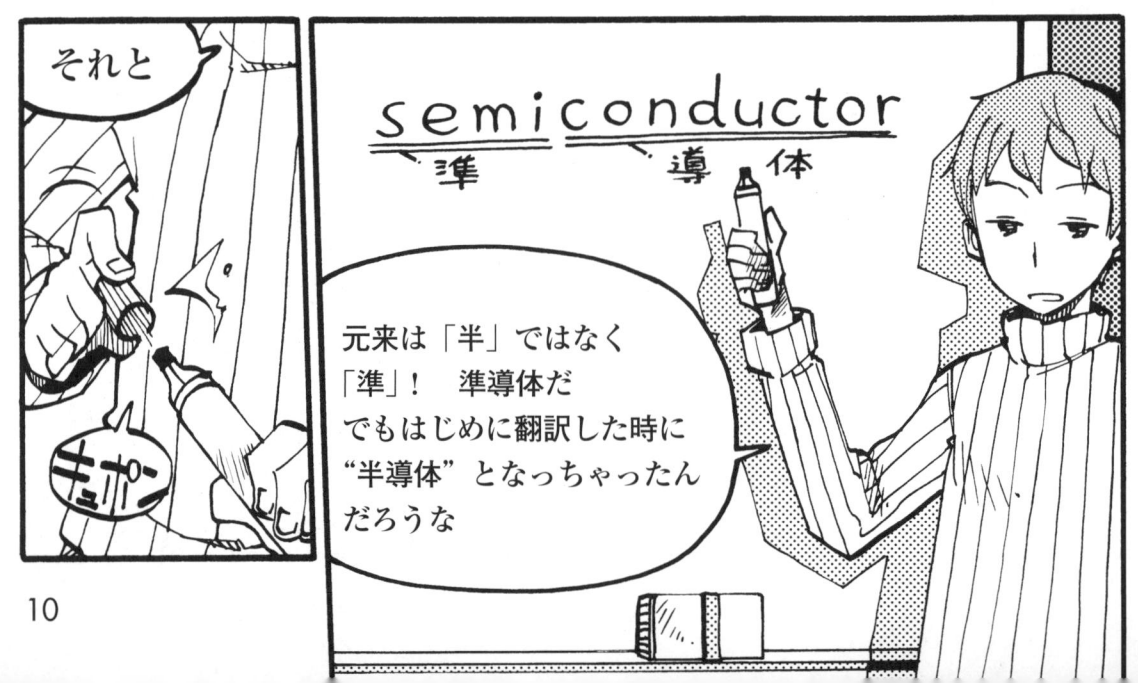

で…どこに注目するのが
半導体として
正解なんですか？

いや…どれも半導体と
ひとくくりにされてて
何から話せばいいか…

●導体と絶縁体
この辞書には

「導体
(電気をよく通すもの＝良導体)
たとえば銅やアルミニウム
のような金属と

絶縁体
(不良導体＝陶器・空気・
セメントなど)
電気を通さないもの

半導体とはそれらの
中間的伝導特性
を持つ物質」
だって

それはそうなんだが
「だからなんなんだ」と
言いたくなる説明だな

ちなみに
半導体の材料の
シリコンは
純粋な単結晶になると
室温（約20℃）では
電気抵抗が高く
絶縁体と言っても
いいだろうな

それと

semiconductor
準　　導体

元来は「半」ではなく
「準」！ 準導体だ
でもはじめに翻訳した時に
"半導体"となっちゃったん
だろうな

…

まあこれも
「今更なんだ」
と言いたくなるな

…

まあいいや

言葉だけで物質の
ごく一部の
性質だけ捉えても
物質の本質には
迫れないし

出かけるぞ
準備しろ

半導体の国に
行くぞ

く、くに…!?

論より
証拠だ

第1章 半導体ってなんだろう

2 産業のコメ

電気屋さんじゃないですか！

そう！

ここって…

半導体は「産業のコメ」と言われるほど家電製品に組み込まれているんだ

お米ですか

半導体が組み入れられているんだ

これも？

もちろん！

これにも

これにも

これも

こんなものにも！！

● IC

家電製品でいう
「半導体」は
その大半が
ICと呼ばれるものだ

IC (integrated circuit)

PCのCPUやメモリーも
ICという言葉でくくることが
できるだろう

へええ

IC（集積回路）って
何を集積しているんですか？

集積されている主要部品の
一つひとつは主として
「トランジスタ」だ

● トランジスタ

トランジスタの初期段階は
バイポーラトランジスタ
だったんだけど

〈バイポーラトランジスタ〉

〈MOS-FET〉

現在多くのデジタルICは
MOS-FETを集積して
作られている

さらに電子回路を構成する抵抗やコンデンサなどの部品もICに組み込むことが可能なんだよ
たとえば
デジタルカメラ
カメラ
このフィルムの代わりに使われているのも半導体部品のCCD（電荷移動素子）やCMOSイメージセンサーなんだ
それにこのMP3プレイヤーも半導体部品が使われているんだ
MP3
以前はカセットテープやCDで音楽を楽しんでた
でも今は半導体メモリーに音楽データを圧縮記憶させデータを耳で聞こえるように変換させる…
すみませんこれ便利なのでください！
ありがとうございます
最後まで話を聞けっ!!

3 高速化するIC

さて 半導体＝ICと使われていることを言ったけど

さらにPCの性能を高めるにはどうしたらいいかな？

そんなのわかんないですよぉ…

たとえばだけど

1. 計算速度を速くする

2. 同時に計算できる数を増やす（複数の演算回路を組み込んだICにする）

というような性能を高めると考えて…

で どうするんですか？

電気信号の伝達スピードは光の速さに近いので

信号を伝達する距離を短くするのさ！

そのためにはIC内部の配線を短くするだけでなく内部のトランジスタも小さくしなきゃならない！

第1章 半導体ってなんだろう

内部のトランジスタを小さくすると同じ大きさの材料の中に多数のトランジスタを作ることができるだろ

そっかぁ ご主人様 あったまいい♪

いやーでも俺が考えたわけじゃないから…

でもそんなに簡単に小さくなるのかな？

ところで トランジスタってどんな働きをするんですか？

ICの発展はめざましくて1965年ゴードン・ムーアが発表した法則…

「ムーアの法則」によれば2年で集積度が2倍になるんだって

ムーア

2倍ですか…！

そうだよな 普通知らないよな

トランジスタの発明は世の中の流れを変えるほどの大きなものだったんだ

材料はシリコンや
ゲルマニウム

電気信号を増幅したり
電流を流したり切ったり
することができる
小型の素子のことだ

これによって
弱い電気信号を
増幅し大きくしたり

マイクロフォンで
拾った声を
大きな音にして
スピーカーで
出せるように
なったんだな

なにすんだ!?

トランジスタ♪

トランジスタの性質は
電圧や電流でON/OFFを
制御できるスイッチの
ような働きをする
小型の素子でもあるので

計算装置も
小型にできるように
なったんだ!

イタズラのために
発明されたんじゃ
ないぞ!

第1章　半導体ってなんだろう　17

それが今日のPCの頭脳の部分に集積されているんだ 随分出世しましたね！	ちなみに当時はバイポーラ構造のトランジスタしかなくてバイポーラという呼び名もなかったんだ え、じゃあどうしてバイポーラって言うようになったんです？

●FET

FETが発明されたんだ

Field
Effect
Transistor
電界効果トランジスタ

FETとの区別のために「バイポーラ」と言うようになったのさ ええっ！？	古典落語と新作落語みたいですね シブいね…

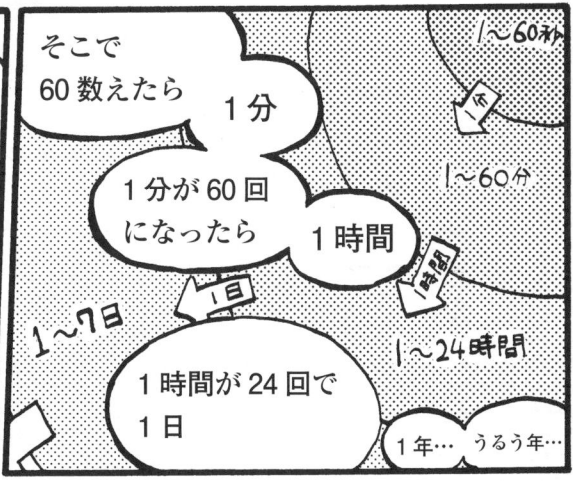

4 パソコン関連以外のIC

PC以外にも世の中には計算（演算）と関係するものがとても多いんだ

えっと…

これもですか!?

そ、そうだね もちろん「電卓」はそのものズバリだけど

たとえば1秒に1回ずつ数を数える装置があるとしよう！

どんどん数えていくと…

手に負えないですう…

そこで60数えたら 1分

1分が60回になったら 1時間

1時間が24回で 1日

1〜60秒
1〜60分
1〜24時間
1〜7日
1年… うるう年…

あら不思議「万年時計」のでき上がり！

現在の時計は完全なぜんまい式以外 ICによって作られているんだ

第1章 半導体ってなんだろう

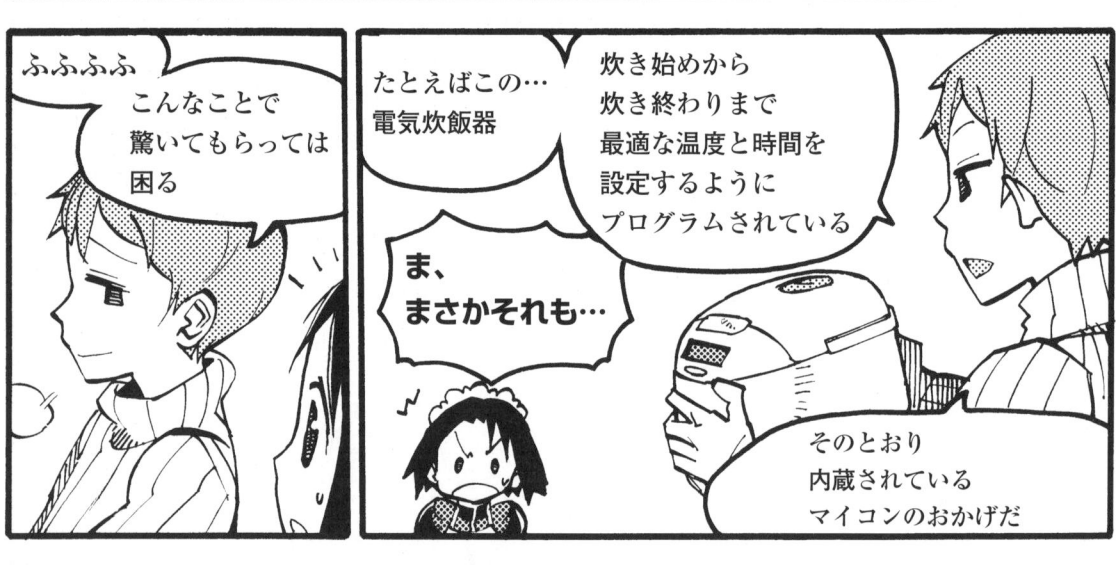

電波時計ってのもある 電波時計は時報専用の信号を受信して 正確な時刻に同期するように作られているんだ 受信部分や同期部分もICによって実現されたんだ

IC 恐ろしや！

ふふふふ こんなことで驚いてもらっては困る

たとえばこの…電気蒸飯器 炊き始めから炊き終わりまで最適な温度と時間を設定するようにプログラムされている

ま、まさかそれも…

そのとおり 内蔵されているマイコンのおかげだ

●マイコンとは

ではそもそもマイコンとは何か！！

お、本題ですね

現在マイコンと呼ばれるものはこれらのものを一つのICに組み込んだもの

・CPU （演算を行う）
・ROM （プログラムをしまうメモリー）
・RAM （計算の途中で利用するメモリー）
・入出力ポート （入力のスイッチの信号を受け取って出力になる信号を制御したりする）

「マイクロ・コントローラ」を指しているんだ

20

そういえば昔は CPU やメモリーを購入して自作したコンピューターを「My Computer」＝「マイコン」って呼んでたね
作ったことあるんですか？
親父の命令でね 夜な夜なね… フフフフ
さて、IC を正しく動作させるためにはエネルギーが必要だろ
家庭の 100V の電灯線や（または 200V の動力線）乾電池（1 次電池）充電式の電池（2 次電池）から供給される
しかし通常 IC は家庭用の交流 100V を直接つなぐと壊れちまう
へー
もちろん乾電池 1 本だと電圧が低くて正しい動作をしないことが多い
そこで電源用 IC の出番
「電源回路」だ

●電源回路

電源回路とはいろいろなICが正常に動作する電圧範囲を正確に制御するための

電力のもと

電源回路

動作に必要な電力を的確に供給するための電気回路のことだ

それとこのICはアナログICの仲間だから

はーい

最近環境問題ってよく聞くだろ？

エコですね！

そうだ、その為に高いエネルギー変換効率が求められる

その代表が「スイッチング電源」

◎電池1本のような
　電圧の低いところから
　高いところへ

◎大型太陽光発電パネル
　のような電圧の高いところから
　低いところへ

この例のように
電圧を変換する場合に
高いエネルギー変換効率が
要求されるんだ

さらにIC技術などの
進歩から、小型で大電力
高効率な電源回路が
実現されているんだ

地球にやさしい
技術ですね！

●ダイオード

あとIC以外の
半導体部品で
数多く使われているのが

ダイオードかな

聞いたこと
あります！

青色発光
ダイオードで
有名になった
からな

ダイオードは電流の
方向を一方向だけに
流しやすくした素子で

交流から直流を
作り出す時に
活用される

整流素子とも
いうな

第1章　半導体ってなんだろう　23

たとえば… 新幹線は架線の電圧が25000Vの交流を使っている

また、自動車の場合

自動車の中で100Vの電気製品（たとえばPCのACアダプターなど）を使いたい時

直流モータを回すため交流を直流に変換しなければならないが

そのためにここでは高電圧・大電流の半導体整流器が使われている

乗用車の直流12Vから100Vの交流を作り出す「インバータ」にもトランジスタや整流素子が使われている

●LED

さっきも少しふれたが ダイオードの仲間には電流を流すと光を発するものがある

LEDだ

半導体材料に混ぜる不純物の種類でその発光する波長が決まるので赤、緑、青などのLEDが開発された

交通信号機がLEDって聞いたことありますよ

ああ

LEDの代表的なものだな

高輝度LEDのケースの形状をレンズ効果を高めるかたちにすることで

日中の遠くからの視認性を上げることができるようになって一気に普及したんだ

26

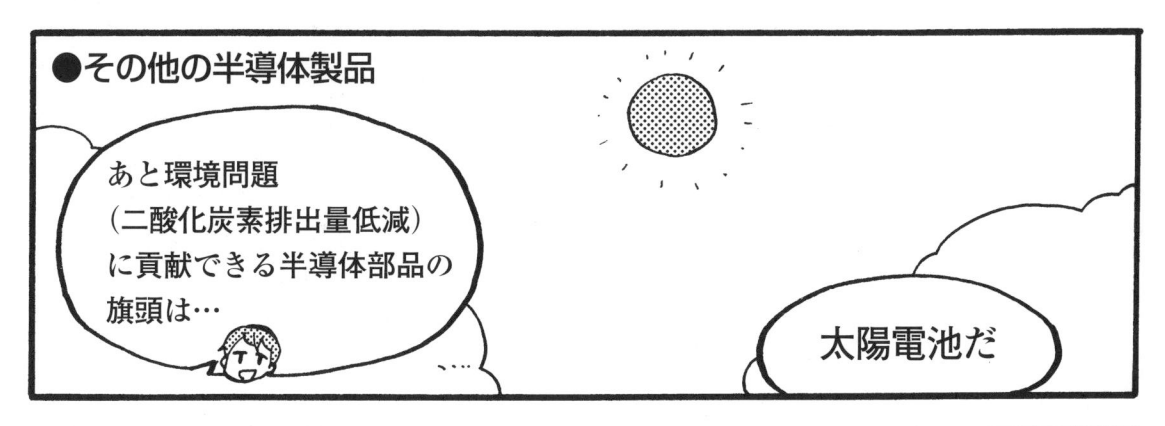

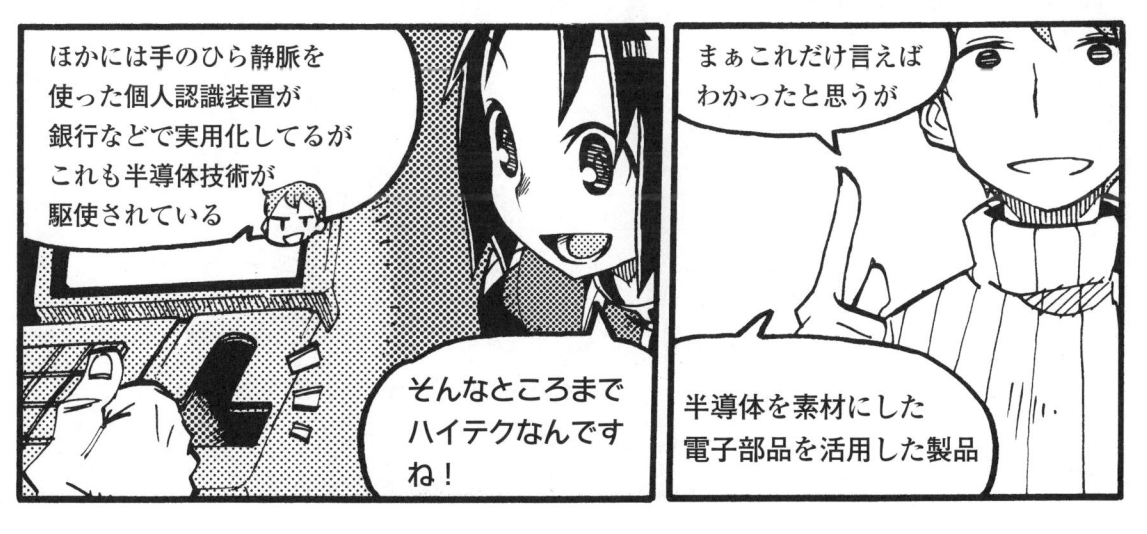

● その他の半導体製品

あと環境問題（二酸化炭素排出量低減）に貢献できる半導体部品の旗頭は…

太陽電池だ

これも半導体材料のシリコンを原料として製造されているんだ

ああ よく屋根に設置されているあれですよね

ほかには手のひら静脈を使った個人認識装置が銀行などで実用化してるがこれも半導体技術が駆使されている

そんなところまでハイテクなんですね！

まぁこれだけ言えばわかったと思うが

半導体を素材にした電子部品を活用した製品

それらは身の回りに
あふれるほど
存在しているんだ

「半導体は産業のコメ」の
由縁もわかってきたかな
わっはっははは！

古い時計

いい時計だろ？

いいや ぜんまい万年アナログだ

それにも IC が!?

故きを温めて新しきを知る

温故知新の精神を忘れたくなくてね

おんこ…？

いや…いい

今日の講義終わり…

第1章 半導体ってなんだろう

5 フォローアップ

🌐 シリコンバレーの発祥の地

半導体材料の代表的な物質はシリコン。そこで、アメリカ合衆国・カリフォルニア州のなかで、半導体産業が多く集まってできた地域が「シリコンバレー（Silicon Valley）」と呼ばれるようになった。

ここは、サンフランシスコの南東約80km、サンフランシスコ湾の南東の端にあるサンノゼ（San Jose）市を中心に広がるいくつかの市や町を含んだ地域で、地形的に谷になっているわけではない。

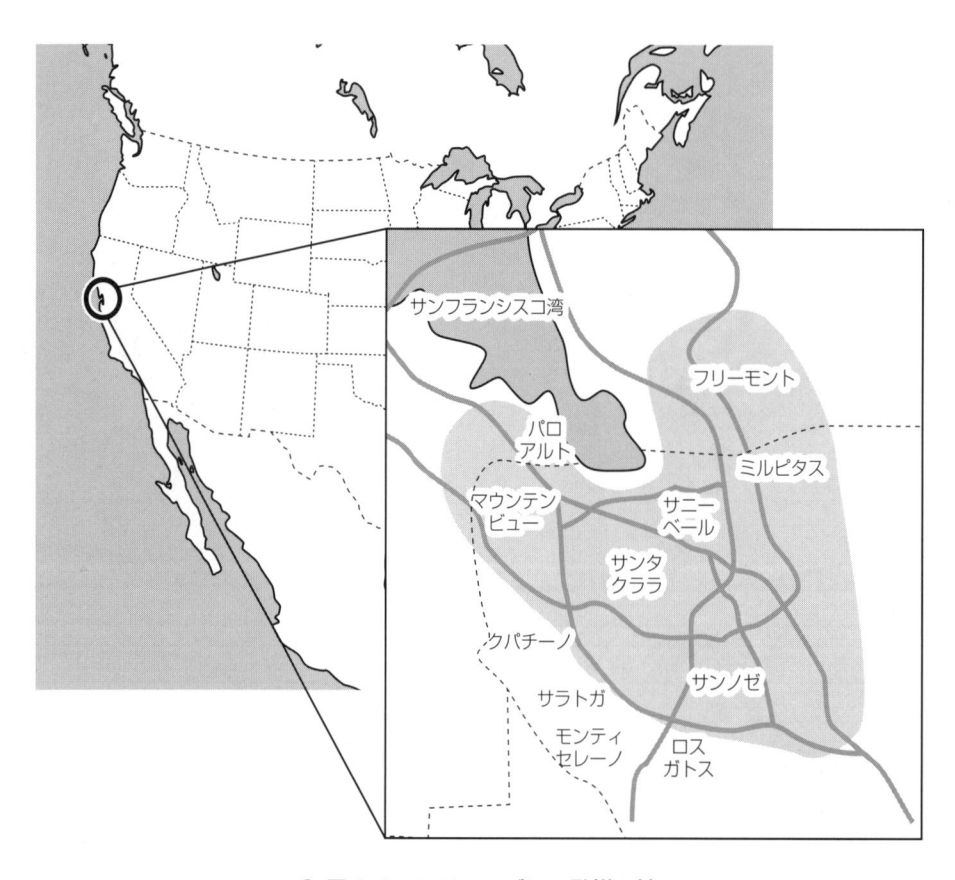

● 図1-1 シリコンバレー発祥の地

町の名前で言えば、北西のほうから順に、パロアルト（スタンフォード大学がある）、マウンテンビュー、サニーベール（インテルの競合CUPメーカー：AMDがある）、サンタクララ（CPUメーカーの大手・インテルの本社がある）、サンノゼ、ミルピタス、フリーモントなどで、サンフランシスコ湾の西岸に沿うようにして発達してきた。最近では、サンノゼで折り返して湾の東側に沿うように、北に向かって少しずつ伸びている。

シリコンとは、単に元素のシリコン（Si＝珪素）を意味しているわけではなく、「シリコン」という言葉に象徴されるハイテク産業を意味している。

サンノゼとサンフランシスコのほぼ中間に、スタンフォード大学の隣町として有名なパロアルトという閑静な住宅が建ち並ぶ町がある。その一角に「シリコンバレー発祥の地」という史跡がある。

1989年に、カリフォルニア州の史跡に指定されたという説明文には、「スタンフォード大学のフレデリック・ターマン教授が、学生であったウイリアム・ヒューレットとデイビッド・パッカードに対し、東海岸の企業に就職するのではなく、この地で電子技術にかかわる会社を始めることを勧めた。彼らは、教授のアドバイスに従って、1938年に最初の製品であるオーディオ・オッシレータ（電子回路実験用の低周波発振器）をこのガレージで開発した」と書かれている。この学生たちが、現在の電子計測機器やPCなどで有名なヒューレット・パッカード社の創設者である（HP社創設は翌年の1939年）。

建物の左側奥にあるのが、ヒューレットとパッカードが開発に使っていたガレージ。当時の写真と比べると、ガレージの木でできた扉は塗り替えられたりはしているが、そのまま使われている（HPウェイという本のカバーに写っている写真と、板の節穴の位置が一致している）。手前の住宅は、2005年に建て替えられている。

● 図1-2　ヒューレットとパッカードが使っていたガレージの写真

第1章　半導体ってなんだろう

ところで、この「シリコンバレー」という呼び方だが、1970年代の初めのころから使われだした。
　「シリコン」は本来元素の名前で、その単結晶が現在の半導体製品の原材料として、大きな部分を占めている。その一方で、「シリコン」という言葉は、現在の半導体産業を象徴的に表現する言葉で、現在のハイテクやITを支える部品や材料を総称した言い方にも使われる。
　半導体の夜明けは、1947年に始まる。半導体（ゲルマニウム）上で細い針を立てた、点接触式トランジスタがショックレー、バーディーン、ブラッテンらによって発明された（彼らはこの功績により1956年ノーベル賞を受賞）。場所はアメリカ東海岸のベル電話研究所。
　ということは、ヒューレットとパッカードがこのガレージで製品開発をしていたころは、真空管全盛期であって、半導体やシリコンといった単語は存在していなかった。ということで、「シリコンバレー発祥の地」という表現は、真空管時代に使われた建物であっても、半導体・IT産業を世界的規模で支える地域になった原点として、後世に語り継がれているのである。
　実質的に半導体産業を中心とした現在のシリコンバレーの原点となったのは、1955年にショックレーがこのパロアルトにショックレー研究所を開設したことに始まる。その時に応募した研究者の中に、ゴードン・ムーアやロバート・ノイス等がいた。彼等は、かつてのフェアチャイルド社やインテル社の創業者である。
　彼らを含め、ショックレー研究所から飛び出し起業した人たちによって、現在の半導体産業の中心地としてのシリコンバレーが広がっていく。

🔔 トランジスタ

　トランジスタが発明された時、今で言うバイポーラ構造のトランジスタであったが、その当時はトランジスタといえばこの構造のものしかなかったので、バイポーラと言う呼び方はなかった。FET（Field Effect Transistor＝電界効果トランジスタ）が発明されてから、FETとの区別を明確にするために「バイポーラ」を頭につけて使うようになった。

🔔 IT、PC、CPU

＜IT＞　Information Technology（情報技術）。
＜PC＞　Personal Computer。通称「パソコン」と呼ばれ、そのハードウエア部分はさまざまなメーカーから売り出されている「IBM互換機」とアップルコンピューター社の「Mac」が、市場の大半を占める。

＜CPU＞ Central Processing Unit （中央演算処理装置）。PCの頭脳にあたる。この頭脳を活用するためには当然、プログラムが必要である。現在のCPUは、FET（電界効果トランジスタ）を組み合わせて作った論理回路を基本単位として、算術・論理演算を行う。さらに、PCなどに使われるCPUには、単に演算部分だけではなく、データを一時的に蓄えるメモリーなども、一つのICに組み込まれている。

ゴードン・ムーアとムーアの法則

　ゴードン・ムーアは、IC産業のトップ企業のインテル社の名誉会長（2006年現在）。インテル社創業者の一人。1965年、当時フェアチャイルド社の開発責任者だった時、ICの集積度の将来予測として、それまでの技術革新の度合いをグラフから分析した結果、ICの性能はおよそ2年（18ヶ月という説もある）で2倍に向上するといった。ここで、ICの性能というのは、単に単位面積当たりのトランジスタの数だけではなく、その動作スピードにも依存するので、現在ではこの法則をどのように捉えるかについては議論も多い。しかし、ムーアの法則は科学的な理論から出たものではなく、単に1965年当時までの技術革新に基づいているものと理解したほうがよいが、資料の使い方次第ではいまだにこの法則に乗っていると主張することもできる。

　ちなみに、マイコン時代を一気にブレイクし一世を風靡したインテル社「i8080」は1974年に発表され、CPUの大きさはおよそ4mm×5mmで、トランジスタ数は約4,500個（動作周波数＝2MHz）。また、2006年に発表された同社「Core2 Duo」はおよそ10mm×14mmで、トランジスタ数は約291,000,000個（動作周波数＝2330MHz）。

　この32年の間に、CPU 1個に入っているトランジスタ数について、ムーアの法則で計算すれば、32年を2年ごとに2倍として計算すると、2の16乗（65,536）倍となる。CPU単体としては291,000,000/4500＝64,667となり、まさにぴったり。

　しかし、動作周波数をかけると、約7500万倍（実際には演算回路の手法が違うので、演算能力としては2億倍と推定）になる。

　トランジスタをシリコン上に微細な加工技術で製造できるようになったため、このような劇的な性能の向上が起こったが、このままムーアの曲線に乗って進むのかどうかを疑う議論もある。というのは、1974年当時はICの製造最小単位が5μm程度、2006年ではこれがおよそ0.05μm（50nm）。このまま小さくしていくと、十数年後には原子数個の大きさのものを加工しければならないといわれている。しかしこの議論は平面だけで議論しているので、現在よりもさらに立体的な製造技術が発達すれば、IC 1個当たりのトランジスタ数はまだまだ上昇しつづける可能性は大きい。

第 2 章
CHAPTER 2

アナログとデジタルの世界

1 人間の五感はほぼアナログ

五感と呼ばれる
視覚、聴覚、嗅覚、味覚、触覚
とくに視覚、聴覚は
刺激を連続量として
アナログ的センサーで
捉えているんだ

ただし
刺激が弱すぎると
感じないし

強すぎると
飽和してしまうか
破壊されてしまう

さっきつねられた
時みたいにね！

視覚と聴覚は
広い刺激の範囲を
捉えるための
センサーなんだ

その範囲
最小の音と最大の音の
感度の比は
およそ6桁だぜ

第2章　アナログとデジタルの世界　37

6桁というのは約100万倍だ

ひゃあ

だから人間の五感にかかわるさまざまな現象をアナログ量として取り扱うには

大きな場所と重量が必要になるんだ

映画のフィルム
音楽のレコード
写真のネガ
ポジのフィルム
プリント

ライブラリーの大きさは膨大なものだ

じゃあ、あの部屋もすごいアナログ量ですね!?

あの部屋？

極秘資料倉庫

あー

…

そうだな 創業以来すべての情報が保管してあるからな

すごい情報量だね

それじゃあ音や映像は劣化しちゃうんじゃないんですか!?

だからアナログ情報を電気信号に置き換える

それもアナログ情報の時間軸と大きさ方向に関して間引いてしまってね!

え

ちっちっち そんな心配いらないよ

第2章　アナログとデジタルの世界

情報量を減らしてしまっても五感で受け止めた時に元の情報と区別がつかないくらいにしてしまう技術…

それがデジタル化技術なんだ

すごい！

デジタル化された情報は電気信号に変換されるので取り扱ううえでアナログ情報よりも便利なことが多いんだ

ただしデジタル信号を伝送・記録する時には大量の計算が必要だろ

だから演算装置（IC）の発達で一気に普及が加速したんだ

ICって本当にすごいんですね！

お…今日もカレーか！

2 デジタルとは1と0のこと？

今日はシーフードですよー！

どういう意味ですか？

う…ボケを説明させる気か

昨日はビーフ その前もビーフ その前の前はシーフードって

デジタル情報かっ！！？

飛び飛び（ディスクリート）の物理状態（電圧、音量、光の明るさ等）で（あるいはその状態の組み合わせで）物理量あるいは数値を表わしたものを…

デジタル情報っていうんだ！

第2章 アナログとデジタルの世界

● 2値論理

この飛び飛びの値の数（種類）は有限個ある限りデジタル情報には違いないが

現在最も広く利用されているのは「2つの状態」を利用した

「2値論理」

そしてこれを数値として利用したものが

「2進数」

聞いたことくらいあるだろ？

だからビーフとシーフードの「2つの状態」しかないからデジタル情報か！！って言ったんだ

なるほど…それはおもしろいんですか？

…いや

えーと…カレーの話はどこに…

まぁいいやカレーはおいといて…

「2つの状態」にはいろいろあるんだ

たとえばこんなものだ！

- ◎ 「高い電圧」と「低い電圧」
- ◎ 「大きい電流」と「小さい電流」
- ◎ 電圧（または電流）の「＋」と「－」（シリアル通信で使われる）
- ◎ 交流信号の振幅の「大きい」と「小さい」
- ◎ 周波数の「高い」と「低い」
- ◎ 交流信号の基準位相からの「進み」と「遅れ」
- ◎ 光の強さの「強い」と「弱い」
- ◎ 空気や水の流れ（または圧力）が「ある」と「ない」

わぁ…
こんなにたくさん

どれも
2つの状態だ

これらをひとまとめにした概念が「1」と「0」

あるいは「ON」と「OFF」を使うことが一般的だね

第2章　アナログとデジタルの世界

● bit（ビット）

ちなみにこの2つの状態を1組（2値論理の最小単位）として考える時最小単位を「bit（ビット）」と呼ぶんだ

1 0
ON OFF
「bit」

数学的に考えるとある状態が「ある」「ない」を表すには「1」と「0」が便利だろ？

うん！わかりやすい！

あれっ
ポークカレー♪

君ひょっとしてカレーしか作れないの？

ところでカレー以外の選択肢は…？
「あり」？
「なし」？

3 標本化と量子化

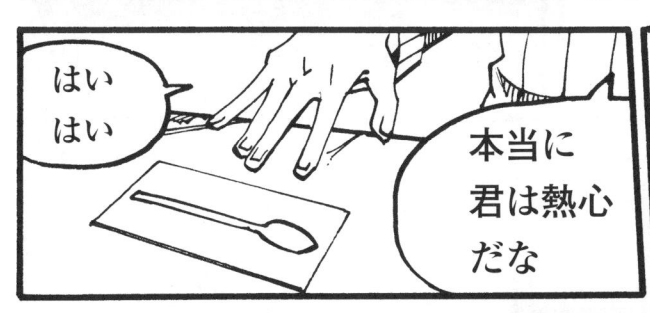

毎日毎日カレーというのはいかがなものか

ご主人様

しかしいくらうまいといっても…

何っ!?

この2つの状態についてもっと教えてください

はいはい

本当に君は熱心だな

2値論理の基本概念で2つの相反する状態を表現することなんだ

●ブール代数

さっき説明した「2つの状態」を組み合わせることで算術演算やブール代数に応用することができるんだ！

ブール代数？

第2章 アナログとデジタルの世界

たとえば囲いの「内側」「外側」といった概念

「家にいる」「家にいない」なんかだとわかりやすいだろ？

え、それじゃあ「家の内側にいる」「家の内側にいない」ってのはダメなんですか？

もちろんいいよ それも2つの相反する状態だ

「…である」と「…でない」という2つの状態だけで表現することを前提として

記述の基本構成要素として論理体系を作りあげたものなんだ

●論理回路

それらの組み合わせによって作られるシステムが…

ぶんぶん

『論理回路』だ

ただ論理回路は必ずしも電気回路によってのみ作り上げられるとは限らないが

システム全体の小型化高密度化のためには電子回路を応用することが一般的かな

● 正論理と負論理

ロジックICでよく使われる「組」は「High（または"H"）」と「Low（または"L"）」の2つのレベル

High H
Low L

やっぱり「H」が「1」なんですか？

「H」＝「1」
「L」＝「0」

それが違うんだな

「1」を「H」に対応させるか「L」に対応させるかは

システム設計者の自由裁量なんだ

え!? じゃあバラバラなんですか？

うんバラバラ！

この電気的状態の「H」「L」とを利用して情報処理に応用できるようにしたものが

「論理演算電子回路」の大規模集積素子（さまざまなLSI）

第2章 アナログとデジタルの世界

電子回路における
論理設計では

論理状態「1」に対して
「H」を割り当てることを
『正論理』

「1」=「L」の場合
負論理

「1」=「H」の場合
正論理

「L」を割り当てることを
『負論理』
と呼ぶ

「負」って悪い意味？

いやいや、そうじゃない
「正」に対して「負」という
チョイスをしただけだろう

あと、信号の流れに応じて
「正論理」と「負論理」を
適切に組み合わせることによって

複雑な論理回路を
論理学の演算法則にのっとって
工夫することで
簡素化することもできる

●2値論理
2値論理は
さっき説明したよね
2つの相反する
状態を表現すること！
おお
よくぞ覚えてくれた
そしてもう一方
「2進数」
数値を扱う上での
一つの体系だ
俺らの日常生活は
ほとんど
10進数だけど
10進数？
どういえば
いいか
1の次は？
2！
2の次は？
3！
3の次は？
4!
…8、9の次は？
10！
8
9
10
11
そう！
「一つ上の桁」を
用意して「桁上がり」
をするんだな！
当たり前じゃ
ないですか！
ご主人様
どうしたん
ですか？

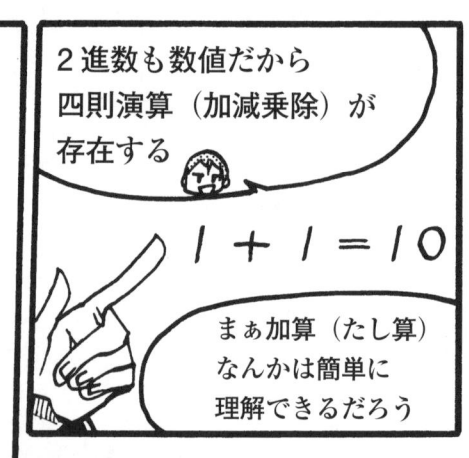

じゃあ
2進数は!?

え…? え…?

えへへ…

にやり!

2進数の場合は
1の次は2
ではなく

すぐに
桁上がりして
10(イチゼロ)
になる

えっ!?
2じゃないん
ですか?

さらに数えていくと
「11(イチイチ)」
「100(イチゼロゼロ)」
となっていくんだ

2進数

2進数も数値だから
四則演算(加減乗除)が
存在する

$1 + 1 = 10$

まぁ加算(たし算)
なんかは簡単に
理解できるだろう

…ほら

これを見れば一目瞭然だろ？

	2進数	10進数
2^0	1	1
2^1	10	2
$2×1+1$	11	3
	100	4
	101	5
	110	6
	111	7
	1000	8
	1001	9
	1010	10

わあ

コツさえつかめば簡単な計算だから

はい！

第2章　アナログとデジタルの世界

4 デジタル信号

そうそう
デジタル情報を伝送する
ための信号で
その電気的（電磁波的）
性質はほとんどが…
　　アナログ信号
　　なんだぜ

えっ
どういうこと
ですか？

たとえば
家庭にもある
FAX電話

音声帯域周波数を
利用したアナログ信号だが

内容は
デジタル情報

えー!?
アナログ信号なのに
デジタル情報を
伝送できるんですか？

…

電気回路の
入門書にはこんな
挿絵が載っている

デジタル信号

（方形波）

アナログ信号

（正弦波）

PCなどで利用されている
デジタル情報を
伝達するための
ロジックレベルは

連続的に変化する
電圧信号なんだ

しかし、実は方形波も
波形そのものはアナログ波形

正弦波も使い方次第では
デジタル情報の伝送が
できるんだ

一概には
言えないんですね

つまり、
ある範囲内の
アナログ量を
一つの状態

また別の範囲内の
アナログ量を一つの状態
としてデジタル情報に
対応させる

わかりやすく
説明すると

● ハイレベルとローレベル

ロジックレベルとしては
ある電圧（ハイレベルしきい値電圧）
よりも高い電圧を
「ハイレベル（"H" 状態）」

電圧

H（ハイレベル）

L（ローレベル）

ある電圧（ローレベルしきい値電圧）
よりも低い電圧を
「ローレベル（"L" 状態）」とする

第2章　アナログとデジタルの世界　53

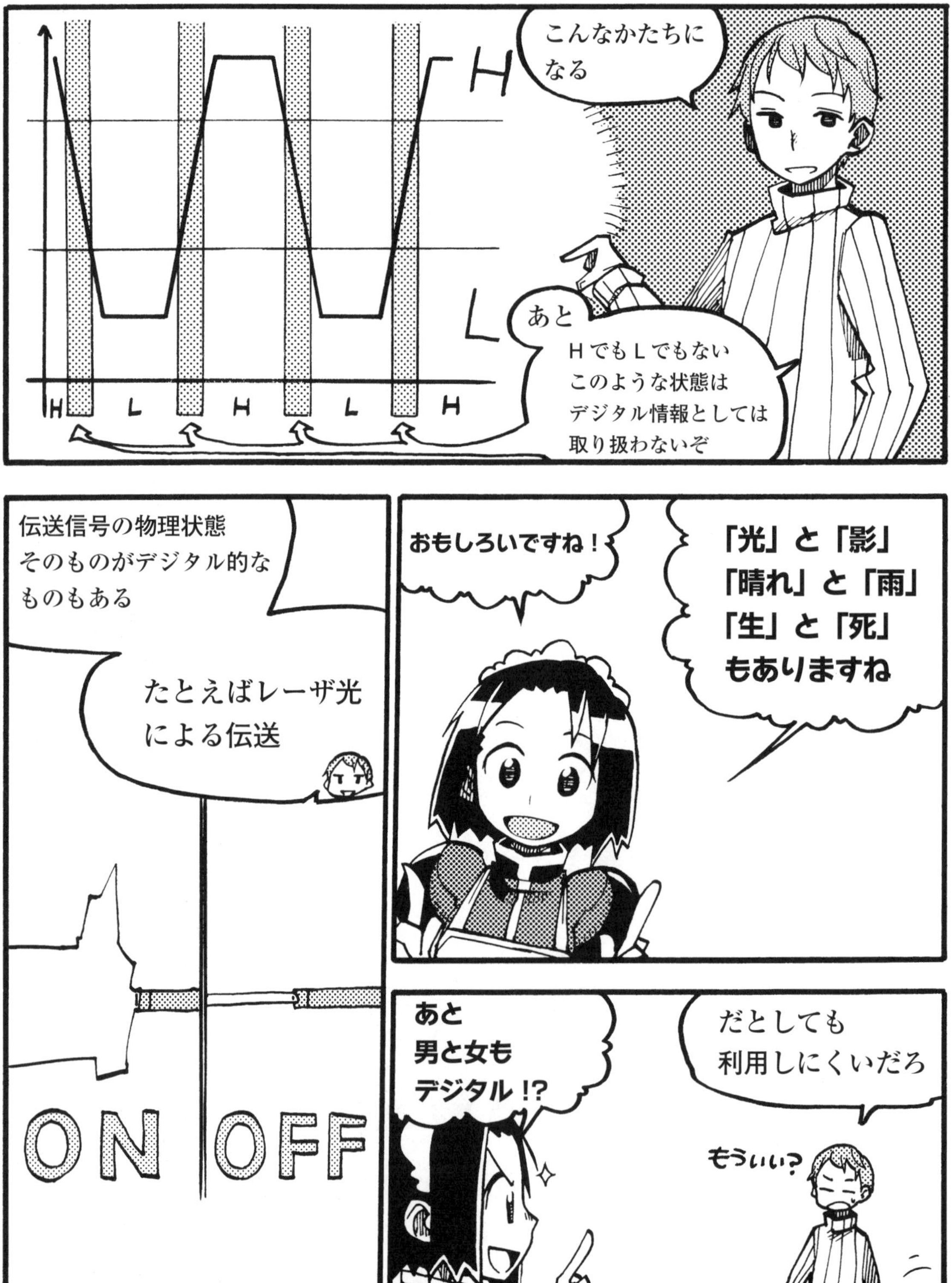
こんなかたちに
なる
H
L
あと
HでもLでもない
このような状態は
デジタル情報としては
取り扱わないぞ
H
L
H
L
H
「光」と「影」
「晴れ」と「雨」
「生」と「死」
もありますね
おもしろいですね！
伝送信号の物理状態
そのものがデジタル的な
ものもある
たとえばレーザ光
による伝送
ON
OFF
だとしても
利用しにくいだろ
もういい？
あと
男と女も
デジタル！？

もっと観念的なイメージで
説明するなら
「デジタル信号」、「アナログ信号」
という表現は

伝送される情報量の
基本的属性が
どちらとして扱われるか
どうかによるんだ

つまり
1と0を使って
処理すると
楽なんですね

たとえば
「デジタルオーディオ」

出力信号は「アナログ」だが
「信号の伝送」、「信号の処理」、「信号の記録方式」
などは「デジタル情報」として扱っている

でも「デジタルだから音がいい」
「デジタルだから映像がきれい」
ってよく聞きますよね

なんで
なんですか？

？

まぁよく言われるのがレコードなんかのバチバチって雑音が入って聞きづらかったって話だ

でもCDが開発されるとデジタル符号として記録されて多少傷が付いても訂正する機能があって

ほとんどノイズが入らない

傷を訂正する機能なんてあるんですかス、スゴイ！

デジタル信号は0と1しかないんだからそれほど難しくないんだよ

1or0

あ、そっか1/2だもんね

考えてみなよ

つまり元のアナログ信号と同等の波形が得られながらノイズの影響を受けないことが

「音がいい」といわれる大きな理由だね

CD開発当時はサンプリングレートが44.1kHzだったんだが

これは人間の聴覚の上限がおよそ20kHzであることから決められたんだ

だけど聴覚の特性が必ずしも線形特性でないため

スーパーCDなどサンプリングレートを4倍にして音質の向上を目指した規格が登場したんだ

いい音を追求し続けた結果だな

感謝ですね

…

おかわりある？

あれだけ文句いってたのに

第2章 アナログとデジタルの世界

うーん

やっぱり
くせになる味
だよ、メイ！

いける

…

5　フォローアップ

🔔 携帯電話の場合…

　携帯電話が登場した初期の段階では、音声通話をアナログ信号として送受信していた。
　しかし、音声信号を処理する専用のDSP（デジタル・シグナル・プロセッサ）の登場と進歩により、音声信号はすべてデジタル処理をされるようになり、雑音が少なく微弱な電波状態のところでも、雑音を低減する演算処理を行い、音声通話や、データ通信が可能となった。
　あまりにも電波が弱いところでは、デジタルといえども元の信号に戻すことができず、通話が途切れ途切れになることも起こる。
　携帯電話が、このように音声信号もデジタル通信によって行われる背景には、インターネット接続など、もともとデジタル通信を行いたいという要求があり、すべてをデジタルに置き換えることで、通信方式や設備を、デジタルだけで1本化できるというメリットがある。
　デジタル通信には、単に電波を送信したり受信したりするだけでなく、2値論理情報をいくつか（16個とか64個とか）まとめて「ひとかたまり」に変換し送受信することで、一時に大量の情報を送るような技術の進歩に裏付けされている。「通信速度が速い」などということがあるが、実際の電磁波の伝達スピードはほぼ光の速さで変わらないが、一度に大量のデータを通信できることを、このように表現することがある。これは、ある大きさの情報をどれだけの時間で送ることができるか…、すなわち、ある情報のひとまとまりを短時間で送ることができれば「速い」ということができる。
　2値論理の信号を、いくつか並べてひとくくりにしたり、弱い電波の中から信号を取り出したり、電話の通話がほぼリアルタイムで行えるだけの演算を早くしたりする技術は、まさに半導体部品の進歩があってこそ小型・低消費電力が実現できたといえる。

🔔 ブール代数

　ブール代数は2つの状態を扱う論理数学の基本的な概念である。2つの状態の一方を「真（True）」もう一方を「偽（False）」と呼ぶのが一般的である。これ

らを略して、TとFで表記することもある。

しかし、デジタル回路に組み込まれている論理回路は、当然電子回路の一部として動作しており、電子回路との関連付けをしやすくするために、ここでは「真＝H」「偽＝L」として置き換えながら説明する（1と0で置き換えたいところだが、議論している領域全体を、論理的な「1」と考えるので、混乱を避けるために、この部分ではHとLに置き換えることにする）。

また、ブール代数は論理数学であるので、ひととおりの記号の意味を定義した後は、論理式を展開していくことで、色々な定理を証明することができる。しかし、ここでは初心者向けに、図式的な説明をすることにする。図式の説明でよく利用されるのが、「ベン図表」と呼ばれるものである。

たとえば、まず、今議論の対象となる領域を四角で囲む。この中で、円で囲った領域Aを真とすれば、偽は$\overline{A}$（エイ・バーと読む）となる。

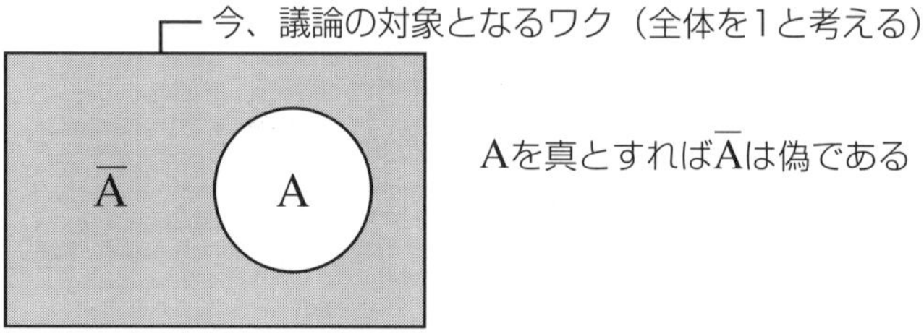

●図2-1　$\overline{A}$ = NOT(A)

この単項「A」について議論すると、Aと$\overline{A}$は互いに逆の関係…すなわち「否定」の関係にあると考えることができ、Aから$\overline{A}$を作り出すには否定（not）の演算をすることで得られ、記号としては$\overline{A}$ = ¬Aと表現する。（記号¬は否定演算記号である）。

¬Aの結果は「$\overline{A}$」と表記される。マイナス記号は演算結果について示すものとし、演算するための記号は¬である。

基本的な演算は2つの要素の間で作用するものとして、上で述べたNOTのほかに、AND、OR、EXORがある。これらの概念をベン図表で示すと以下のようになる。ここで2つの要素にはAとBを用いる。

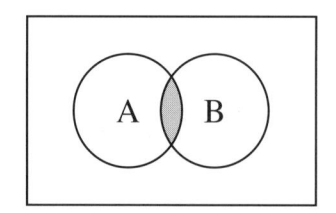

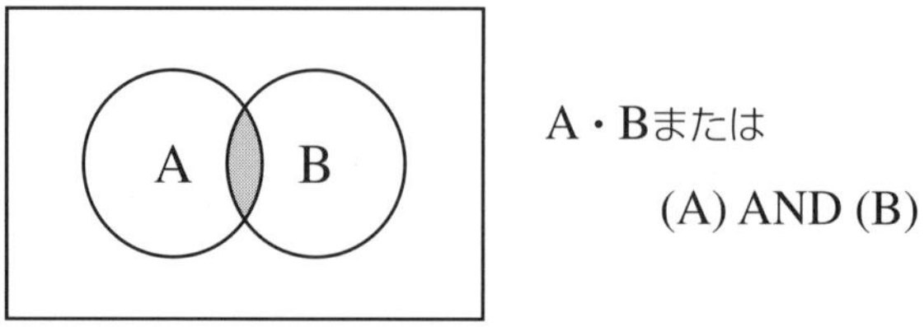

A・Bまたは
(A) AND (B)

●図2-2　AND（論理積）

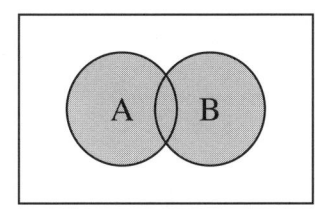

● 図 2-3　OR（論理和）

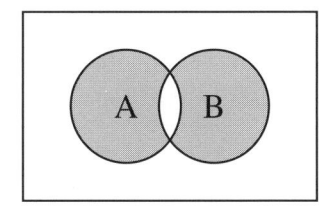

● 図 2-4　EXOR（排他的論理和）

図 2-5 と図 2-6 から NOT(A) と NOT(B) の論理和を考えてみる。

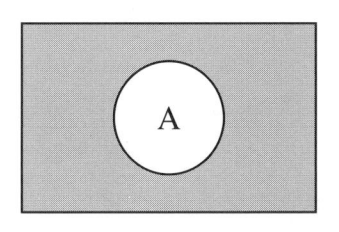

NOT(A) または
$\overline{A}$ と書く

● 図 2-5　NOT(A)

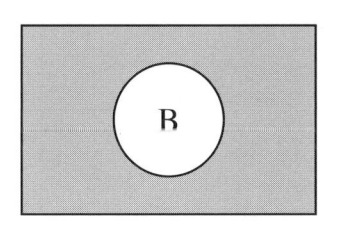

NOT(B) または
$\overline{B}$ と書く

● 図 2-6　NOT(B)

結果は図 2-7 で示したとおりになり、この全体の NOT（否定）を考えると図 2-8 になり、ちょうど (A) AND (B) と同じになる。

第 2 章　アナログとデジタルの世界

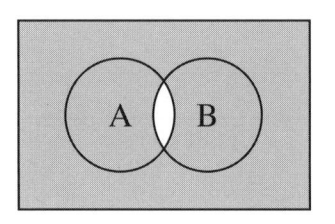

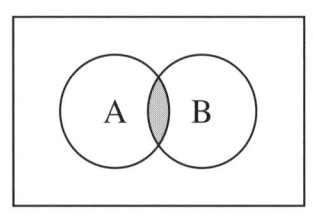

(NOT(A)) OR (NOT(B))
$\overline{A} + \overline{B}$

● 図2-7　$\overline{A} + \overline{B}$

NOT (NOT(A)) OR (NOT(B))
$\overline{(\overline{A} + \overline{B})}$

これはA・Bと同じ

すなわち　$A \cdot B = \overline{(\overline{A} + \overline{B})}$　となる

● 図2-8　A・B

　また、図2-9に示すように、(A) AND (NOT(B)) を作り、図2-10のように (NOT(A)) AND (B) を作って、これらのOR（論理和）を作ると図2-11になる。これは図2-4で示したEXOR（排他的論理和）の演算と同じになっていることがわかる。

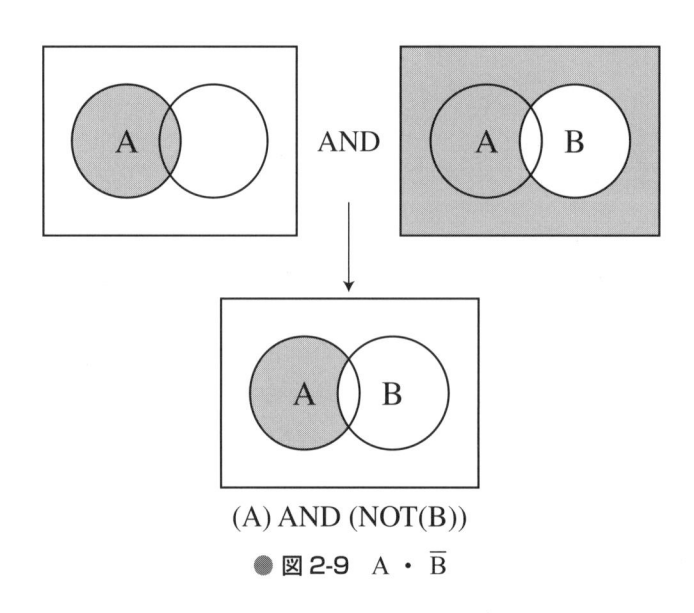

(A) AND (NOT(B))

● 図2-9　$A \cdot \overline{B}$

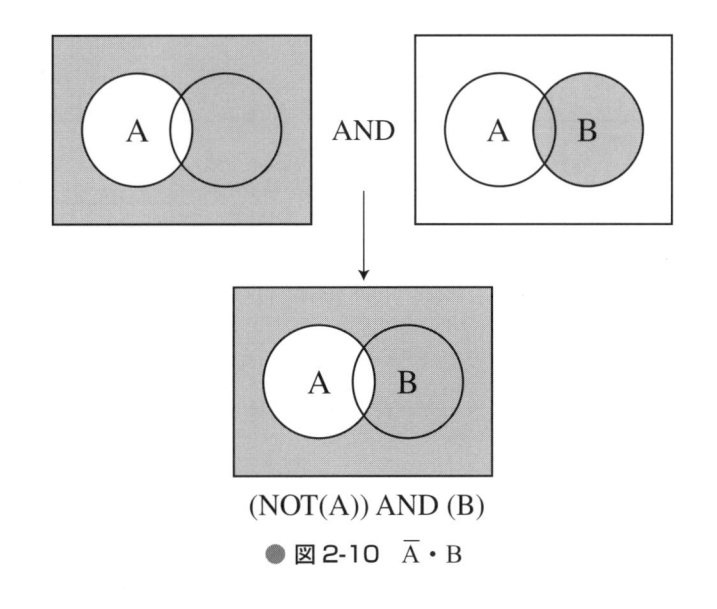

● 図2-10　$\overline{A} \cdot B$

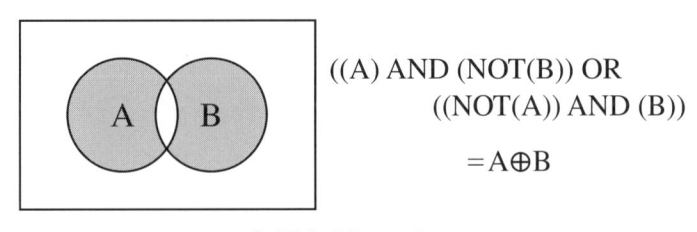

((A) AND (NOT(B))) OR
　　((NOT(A)) AND (B))
= A ⊕ B

● 図2-11　$A \oplus B$

　このように、NOTだけは必ず必要になるが、AND演算ははNOT演算とOR演算を組み合わせることで作ることができる。すなわち、ANDとORとEXORは互いに完全に独立はしていない。すなわち、論理数学的にはNOTとANDあるいはNOTとORだけでほかの演算を作り出すことができる。しかし、演算の回数を最小限にしようとすると、これらの演算をうまく組み合わせる方がはるかに便利である。

　このことを利用して、電子論理回路でも4種類の演算回路を組み合わせることが広く行われている。

　これらを、HとLを使って一覧表にしたものを図2-12に示す。

第2章　アナログとデジタルの世界

●図2-12　各演算の結果

　ところで、論理演算と「数値計算」とがどのように結びついているかはどうなっているだろうか？
　すでに、HとLの2つの状態を利用して、数値も2進数で取り扱うことができることはわかった。
　まず、一番基本的な数値計算A+Bを考えてみよう（ここでの「+」記号は加算の意味で、論理和ではない。論理演算と数値演算に同じ記号を使い、使い分けているところが、初心者には混乱しやすいところである）。
　A=1または0、B=1または0とすると、A+Bの組み合わせは4とおり；
　0+0=0、0+1=1、1+0=1、1+1=10（桁上がりをして、一つ上の桁が1で加算した桁は0になっている）
　すると、図2-13のようになり、それぞれの桁に分解してみると、2つの演算の表ができる。
　この表を見ると、今計算した桁（下の桁）はAとBの排他的論理和と同じかたちをしており、桁上がりをした部分はAとBの論理積と同じかたちをしていることがわかる。
　もう一つ拡張してみよう、この最初の桁と考えたところを、足し算の途中の桁だとすると、下の桁から桁上がりをしてくる可能性がある。その桁上がりをCで表し、A+B+Cを考える。
　その結果、図2-14で示したように、下の桁上がりを考慮しても、先ほどの一桁と同様な方法で、足し算ができる。

A＋Bの加算

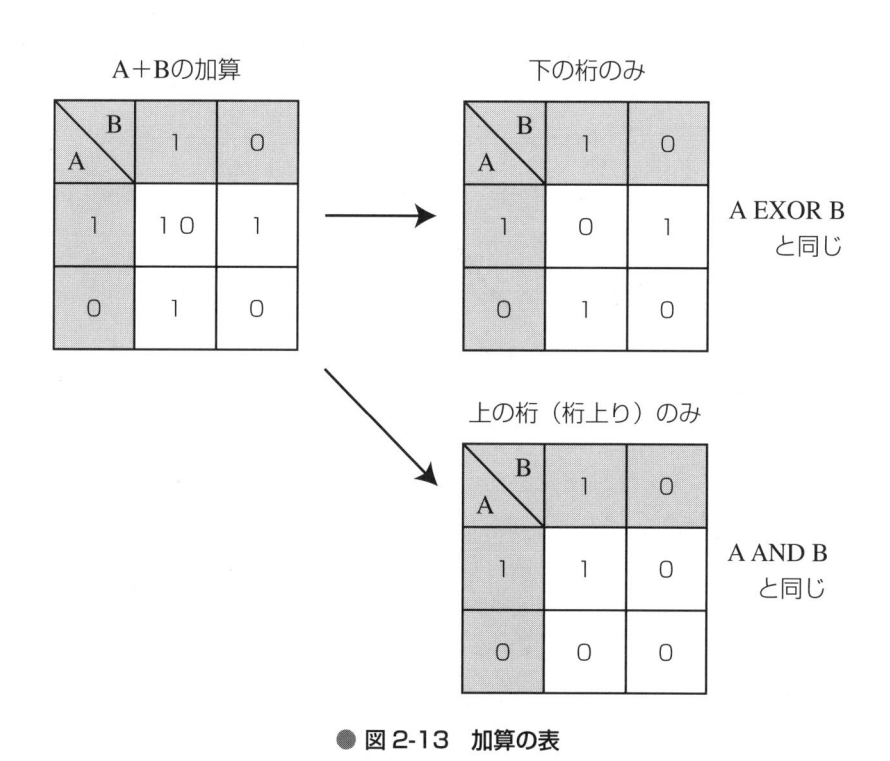

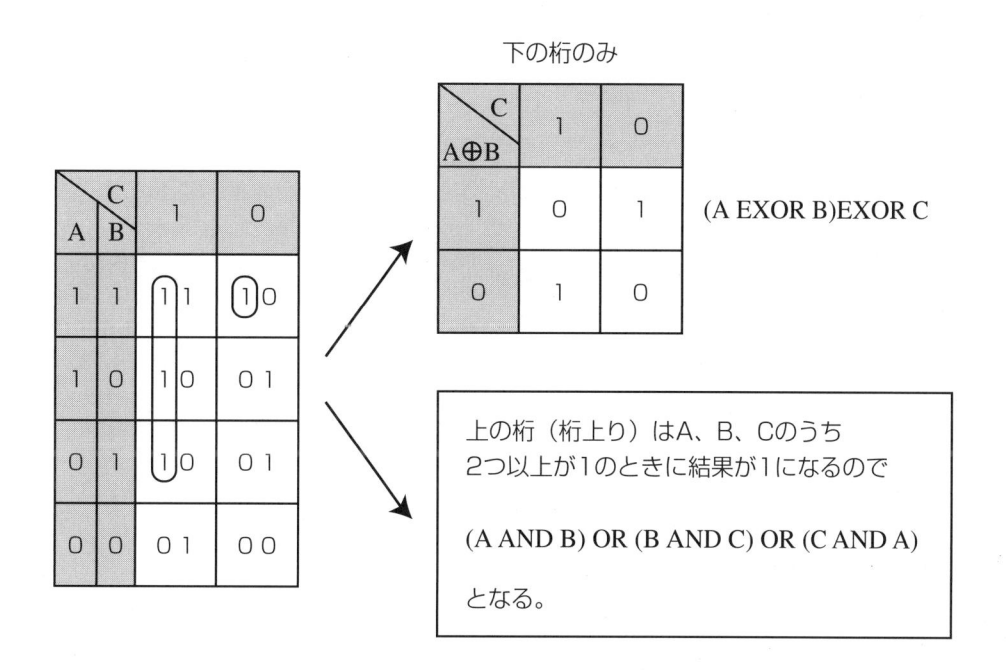

B\A	1	0
1	10	1
0	1	0

下の桁のみ

B\A	1	0
1	0	1
0	1	0

A EXOR B と同じ

上の桁（桁上り）のみ

B\A	1	0
1	1	0
0	0	0

A AND B と同じ

● 図2-13　加算の表

A B \ C	1	0
1 1	11	10
1 0	10	01
0 1	10	01
0 0	01	00

下の桁のみ

A⊕B \ C	1	0
1	0	1
0	1	0

(A EXOR B) EXOR C

上の桁（桁上り）はA、B、Cのうち
2つ以上が1のときに結果が1になるので

(A AND B) OR (B AND C) OR (C AND A)

となる。

● 図2-14　下からの桁上がりのある1bitの加算

第2章　アナログとデジタルの世界　65

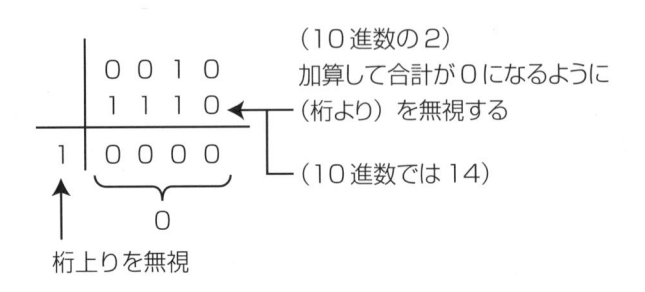

```
  0010        ← (10進数の2)
  1110        ← 加算して合計が0になるように
─────           (桁より)を無視する
1 0000       ← (10進数では14)
↑   └─┬─┘
桁上りを無視  0
```

● **図2-15 4bitの加算の例**

このように、数値の足し算は、2進数に変換することと、2進数を各桁ごとに2値論理としてとらえ、論理演算をあてはめることで実行できることがわかる。

加算ができれば減算をどのように考えるかである。基本的な考え方は、ある値を「引く」というよりは、「負の数を足す」というふうに取り扱う。では負の数とは2進数でどのように表わすのだろうか？

10進数で負の数はどう考えているか？これは、その値（絶対値）の正の数と足して0になるものという見方ができる。すなわち、5の負の数−5は5+(−5)＝0となる。2進数でも同じように考えて取り扱うことができる。たとえば、10進数の場合、もし桁上がりを無視すると（あってもなくても1の位だけしかないとすると）、9に1を加算すると10であるが、1の桁だけを考えれば0になっていることがわかる。すなわち1と9は10を基準に考えると互いに「補数」になっているという。同様に2と8、3と7、4と6が10を基準にして「補数」の関係にある。このことを利用して、マイナス記号を使う代わりに、1の負の値（マイナス1に相当するもの）を便宜的に9と書くことにする。ほかの補数関係にある値も同様に考える。

すると、0、1、2、3、4に対する負の数は、0、9、8、7、6になる。この場合、5はプラス5と解釈もできるし、マイナス5と解釈することもできる。しかし0を正の数に取り込んで、0、1、2、3、4をプラスの数、9、8、7、6、5をマイナスの数とそれぞれ5個に分けるとバランスがよくなるで、取り決めをしておく。こうして、1のマイナスは9として表現することにする。

これでは、まるで5進数のように見えるが、一桁（10未満）で考えたのでこのようになっているが、桁数が増えれば（たとえば100万を基準に考えれば）中間の50万がその折り返し点になるだけのことである。

では2進数の時はどうなるか？1桁だと1と0しかないので、補数を作れない。たとえば2進数で4桁（4bit）を考えてみよう。

例として十進数の「6」を考えてみる。4bitで表わすと
　　0110

である。「−6」を作るには、これの補数を作ればよい。すなわち、この数と補数とを加算して、4bit の全てが「0」になるようにする。結果的には 5bit 目に桁上りして、5bit 目があるとすれば、そこは「1」になる。2 進数の加算のルールを思い出せば、0 + 0 = 0, 1 + 0 = 1, 0 + 1 = 1, 1 + 1 = 10 であったので、

```
    0 1 1 0
+)  a c b a  ←── ここに補数を加えて
    1 0 0 0 0  ←── このようになることを考える
```

a のところは 0 + a = 0 となるので a = 0 である。
b のところは 1 + b = 0 となるべきだから b = 1 とすればこの関係は成り立つが、桁上りが生じる。
c のところは桁上りがあったので

$$1 + c + 1 = 0$$
　　　　↑ 桁上がり

すると、c = 0 とすれば、1 + 0 + 1 = 10 となり、桁上りを生ずるがこの桁のつじつまは合う d のところは、ここも桁上がりがあったので

$$1 + d + 1 = 0$$
　　　　↑ 桁上がり

すると d = 1 とすれば 0 + 1 + 1 = 10 となり、再度桁上りをしながらこの桁のつじつまは合う。
まとめると

```
    0 1 1 0
+)  1 0 1 0  ←── 10 進数の 6
    1 0 0 0 0  ←── 10 進数の 6 の補助
```

となることが確かめられ、0110 の補数は 1010 であることがわかった。すなわち 4bit（2 進数の 4 桁）で 10 進数の「−6」を表わすと、「1010」となる。

第 2 章　アナログとデジタルの世界

これは正の数と見立てれば10進数の「10」になっている。
　2進数4bitで表わされる10進数の正の値は「0」から「15」の16とおりで、上で述べた10進数「6」の補数をあえて正の数として読めば「10」になっていたことは「6 + 10 = 16」に強く関連している。
　CPU等で計算する時、2進数によって表現された数値が、正だけで表わすか、それとも正と負と両方を表わすかを決めるのは、数値を扱う人間の立場である。
　すなわち4bitの計算において0000、0001、0010、……、1101、1110、1111の16とおりのうち、これらを10進数の「0」から「15」とするか、「0」から「7」と「−1」から「−8」として扱うかは、使う側の考え方次第ということである。
　もう一度2進数の補数の作り方を、式形的に示そう。
　これは2進数の2桁以上の何桁の数値でも作り方は同じである。

1）まず下の桁から見ていき、0が続くかぎり補数もそれらの桁は0である。
2）下の桁から見てきて、はじめに1が出てきた桁は補数も1にする。
3）2）の桁から上位の桁は全て0と1を逆にする。

　たとえば8bitの2進数

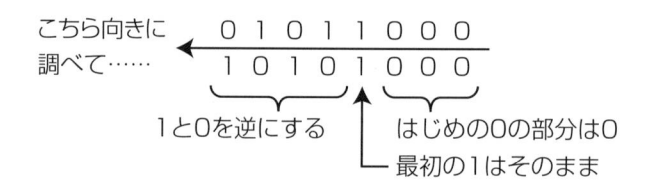

　　　　　　こちら向きに　　01011000
　　　　　　調べて……　←　10101000
　　　　　　　　　　　1と0を逆にする　　はじめの0の部分は0
　　　　　　　　　　　　　　　　　　　　最初の1はそのまま

となり、加算して確かめてみよう

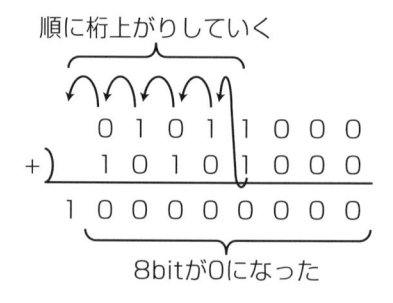

　　　　　　　　　順に桁上がりしていく
　　　　　　　　　　01011000
　　　　　　　　+）10101000
　　　　　　　　　100000000
　　　　　　　　　8bitが0になった

　このように2進数でも負の値を表わすことができ、補数という考え方が重要であることがわかった。

第3章
CHAPTER 3

半導体部品とその材料

1 導体（金属・半金属など）の比較

では今日はここまでです…

羽戸く～～ん！！

わりぃ　帰って勉強しなきゃ…！

ええー!?

久しぶりだし今日こそどこか連れてってよ～～～

最近全然遊んでくれないし！

まさか彼女でもできたの？

うーん

第3章 半導体部品とその材料

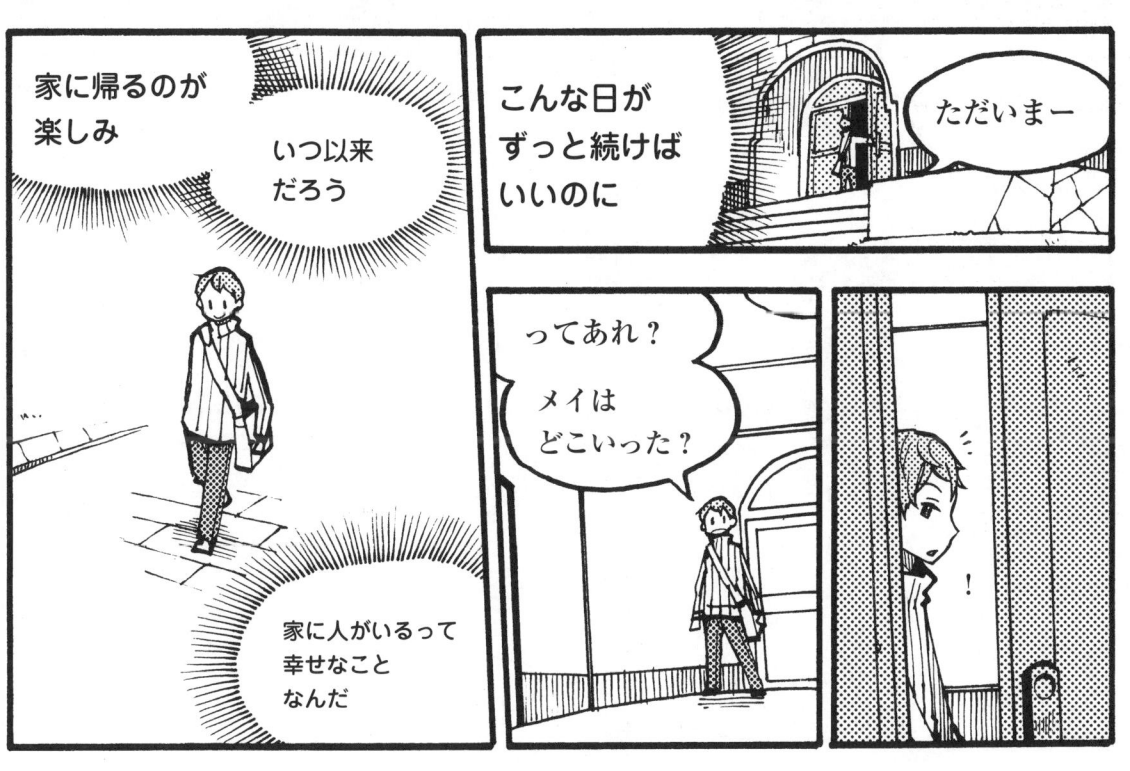

何してんの？
ご主人様！
ここは
入っちゃダメって
言わなかった？
何やってたんだ？
…
そ
掃除です！
ずっと気になってたんです
ホコリっぽい部屋で
勉強するご主人様の
健康状態が！

なーんだ！
ここは空調が
しっかりしてるし
大丈夫なのに…
ありがと！

せっかくだし
今日はここで
講義
やってみよう

● 導体

以前「半導体」は必ずしも
良導体と絶縁体の中間
というものではない
と言ったな

今日は導体
すなわち電気を通すものに
ついて考えてみよう

じゃあ
電気を通すかどうか
調べるには
どうしたらいい？

え

電池と電球を
つなげて点灯
すればいいんじゃ
ないですか？

そのとおり！
ただ電気を通すのは
銅線だけじゃないぞ

鉄のクギ
硬貨
塩水でも
OK！

第3章 半導体部品とその材料 73

● オームの法則の利用

わかりません…

電気を通しやすいかそうでないかを測るんだ

じゃあ電気を通せば単純に導体というくくりにしていいのか

鉄、銅、アルミニウム ニッケルまで誰もが知ってる物質の導体としての違いはどこにあるのか？

それを測るには電気を取り扱う上での基本原理

「オームの法則」を利用する

え!?

[電気抵抗の両端の電圧（E〔V〕）]と[抵抗を流れる電流（I〔A〕）]は比例関係にあり

この比例定数を（R〔Ω〕）とすると

このような式ができる

ふむふむ

$$E〔V〕= R〔Ω〕× I〔A〕$$

抵抗を測るには電流を流して両端に発生する電圧を測るんだ

電流計
電源
測りたい材料
電圧計

そうすればその比例定数に相当する抵抗値がわかるだろう

ただこの方法だと材料に電流を流すから発熱して

温度が上昇するから気をつけないとな

あつい！

電気抵抗は温度によっても変化するから

測り方も大切なんだ

まあ原理さえわかってたら十分かな…

じゃあご主人様!?材料の形状によっても抵抗値が変わるんでは？

ん？

太い電線なら電流をたくさん流せそうだし

長ければ流れにくくなったりすると思うんですが

75

もちろん違う

電線の断面積が広くなれば電気抵抗は下がるし

だから同じ条件の場合の抵抗値として換算しておく

そうすれば電気抵抗を比較しやすいだろう

ほう

長ければ電気抵抗は大きくなる

例えば

● 比抵抗

これを「比抵抗」とよぶ

その単位は
オームメートル
Ω・m

これが実際の比抵抗だ

アルミニウム：2.8　　亜鉛：5.9
金：2.4　　　　　　　スズ：11
銀：1.6　　　　　　　鉛：19
銅：1.6　　　　　　　水銀：94
純鉄：8.9

（0℃における値）『理科年表』による

大きさの単位は
10^{-8} Ω・m

2 シリコンやゲルマニウム

常温（20℃）ではおよそ 10^6 Ω·m だ

10^6 Ω·m

では半導体…つまりシリコンやゲルマニウムの比抵抗はどうだろう

さっきの金属は 10^{-8} Ω·m だったな…

つまり金属と比べると 10^{14} も大きい

シリコン 10^6 Ω·m
シリコンと金属の開き 10^{14} Ω·m
金属 10^{-8} Ω·m

こんなに違うんだ

絶縁体としてよく利用される磁器（瀬戸物）はおよそ 10^{14} Ω·m

紙は種類や温度により 10^6 から 10^{10} と比抵抗が大きく変化する

10^{10} [紙]
10^6 半導体
10^{-8} [金属]

……数字だけ比べると半導体は『中間的伝導特性を持つ物質』とも言えなくないが…

10^6 Ω·m の紙だってあるし なら シリコンも絶縁体と言えてしまうような…

あのーうーん…

第3章 半導体部品とその材料

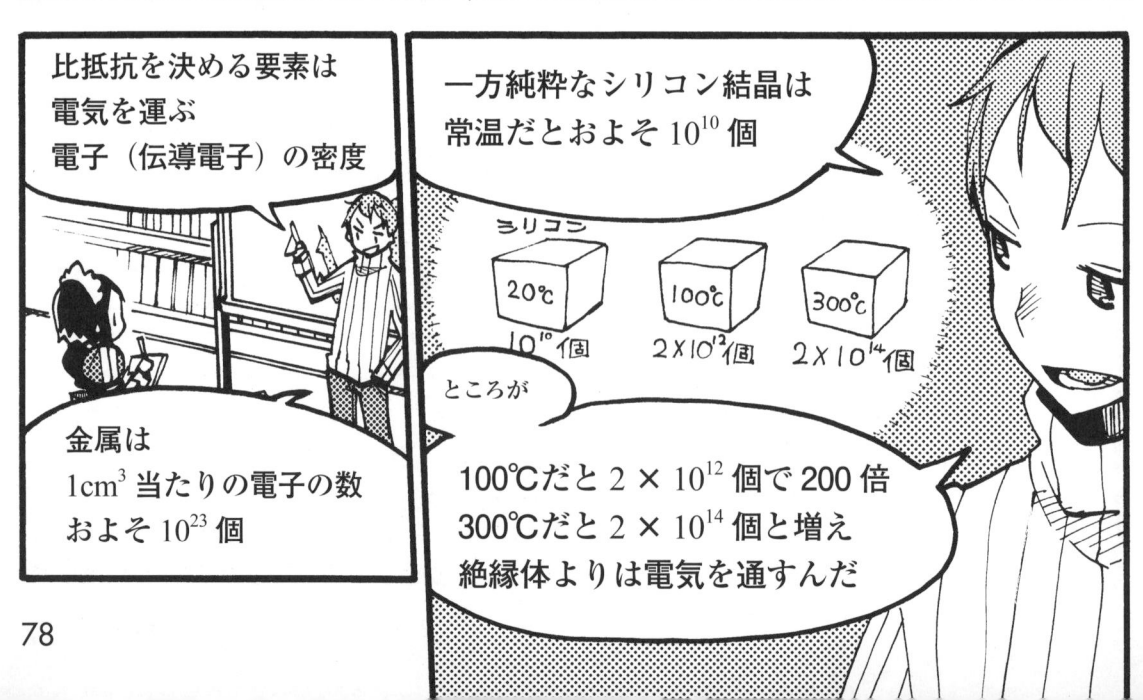

とまあ…
色々言ったけど

常温での比抵抗を比較して
半導体を議論することは
あまり意味がないんだ

え!!?

● 比抵抗の温度依存性

半導体の
最も特徴的な性質は

比抵抗の
温度依存性なんだ

比抵抗を決める要素は
電気を運ぶ
電子（伝導電子）の密度

金属は
$1cm^3$ 当たりの電子の数
およそ 10^{23} 個

一方純粋なシリコン結晶は
常温だとおよそ 10^{10} 個

シリコン
20℃ 100℃ 300℃
10^{10}個 $2×10^{12}$個 $2×10^{14}$個

ところが

100℃だと $2×10^{12}$ 個で200倍
300℃だと $2×10^{14}$ 個と増え
絶縁体よりは電気を通すんだ

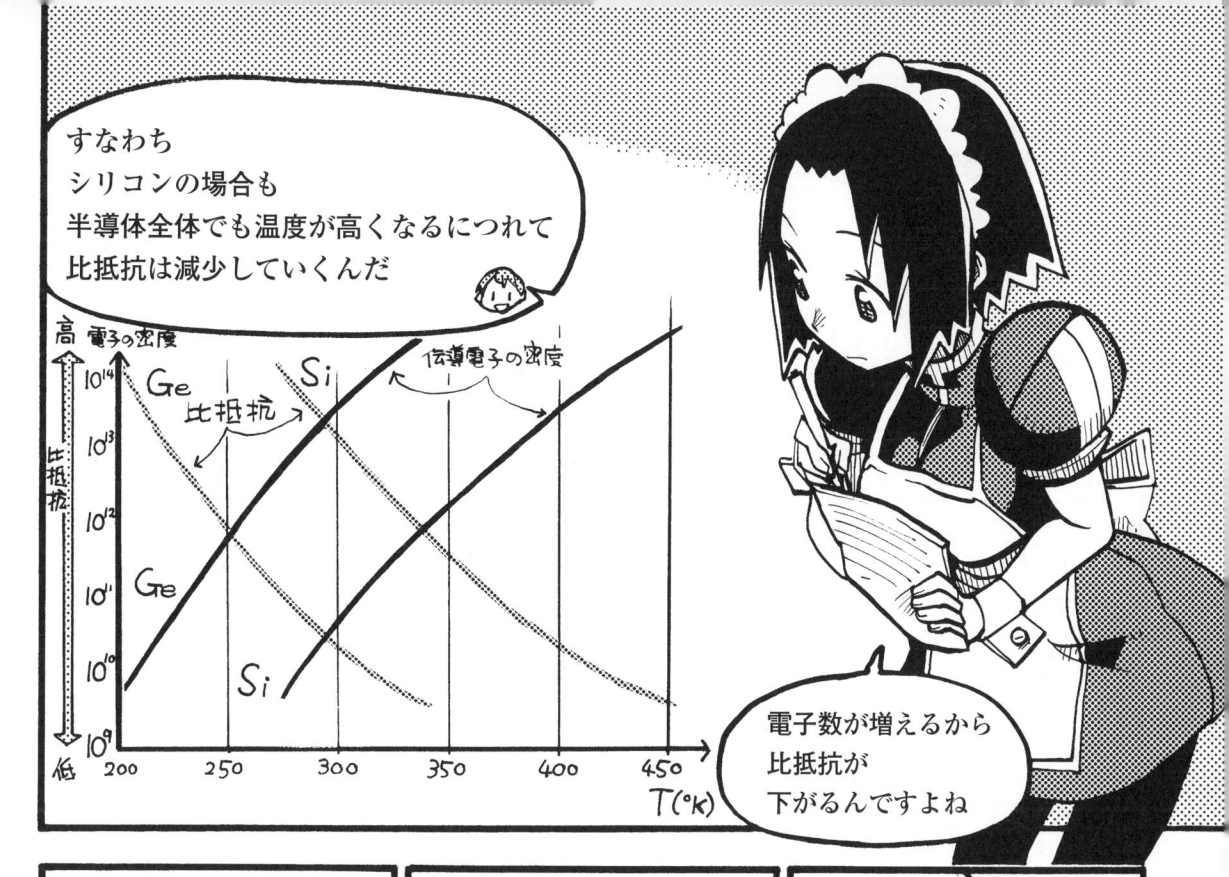

すなわち
シリコンの場合も
半導体全体でも温度が高くなるにつれて
比抵抗は減少していくんだ

電子数が増えるから
比抵抗が
下がるんですよね

ちなみに金属の場合は
温度が高くなるにつれて
比抵抗は大きくなる

〈アルミニウムの場合〉

半導体とは
逆なんですね

金属と半導体の比抵抗の
温度特性の違いを
説明するには

電子がどう振る舞っているか
を知ることで
イメージがつかめるだろう

はい
半導体って
複雑なんですね…

複雑？

この程度、半導体を
とりまく環境を
考えればまだまだ
入り口だよ…？

第3章 半導体部品とその材料

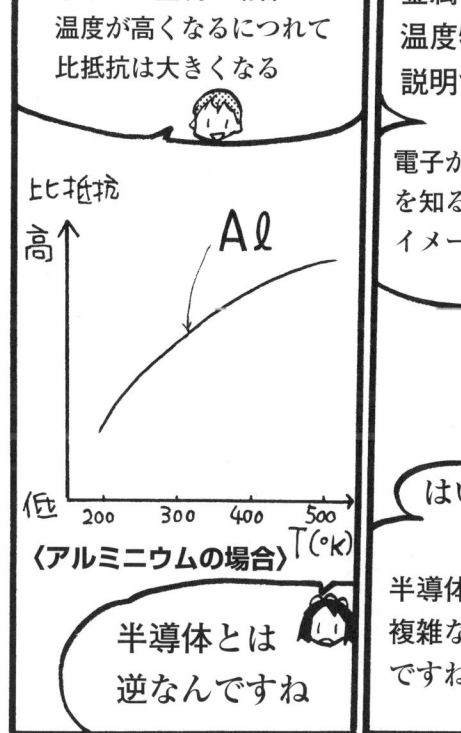

● 周辺の学問・技術

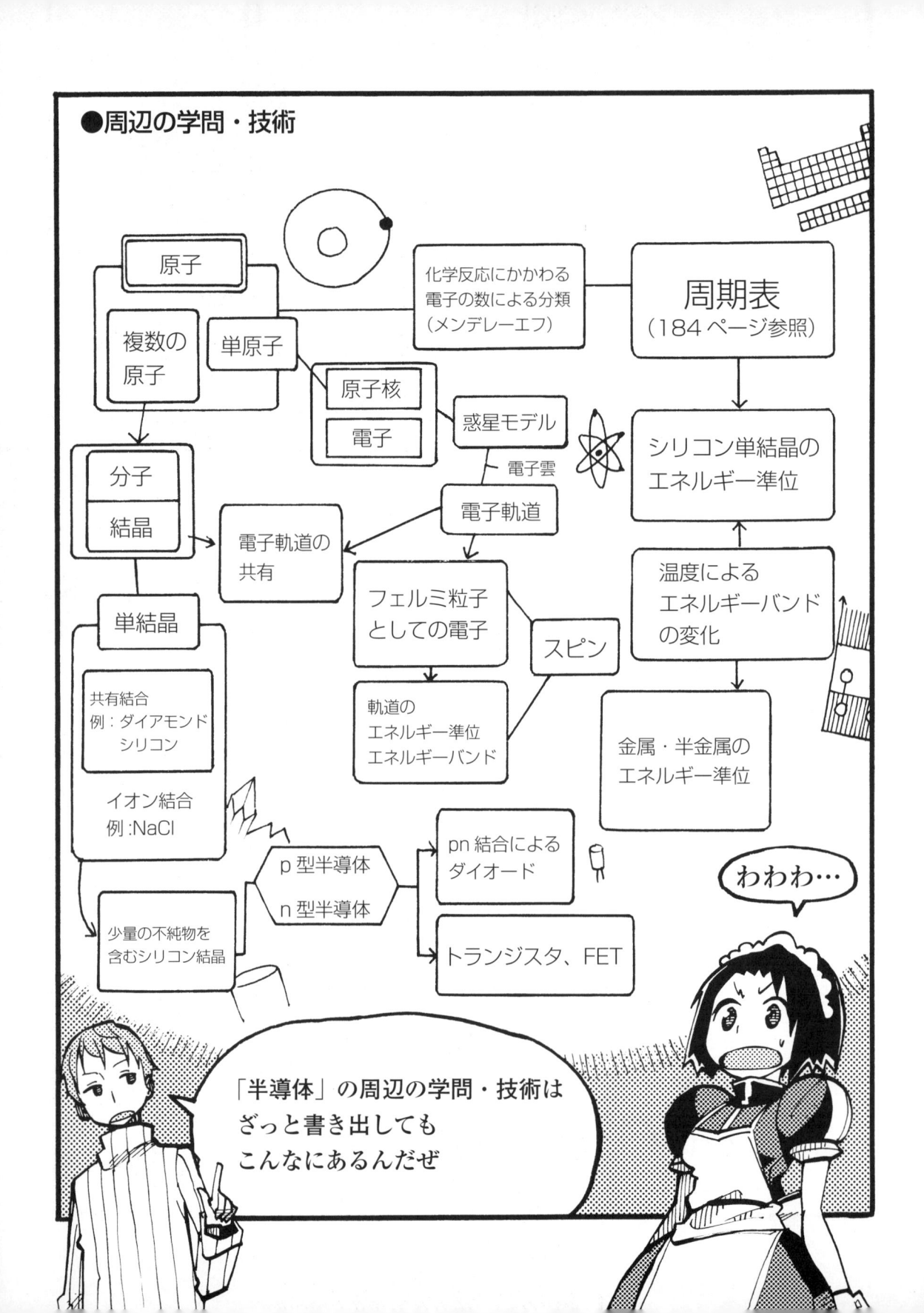

- 原子
  - 複数の原子 → 分子 → 結晶 → 単結晶
  - 単原子
    - 原子核
    - 電子 → 惑星モデル → 電子雲 → 電子軌道
- 化学反応にかかわる電子の数による分類（メンデレーエフ） → 周期表（184ページ参照）
- 周期表 → シリコン単結晶のエネルギー準位
- 温度によるエネルギーバンドの変化
- 金属・半金属のエネルギー準位
- フェルミ粒子としての電子 ← スピン
- 軌道のエネルギー準位 エネルギーバンド
- 電子軌道の共有

単結晶
- 共有結合　例：ダイアモンド、シリコン
- イオン結合　例：NaCl

少量の不純物を含むシリコン結晶 → p型半導体／n型半導体
- pn結合によるダイオード
- トランジスタ、FET

「わわわ…」

「半導体」の周辺の学問・技術はざっと書き出してもこんなにあるんだぜ

これらのすべてが
物理学的に解明
されているわけ
ではないが
量子力学的には
半導体のことは
かなり理解できている
おもしろいだろ
半導体って！
!
あー!!
晩ごはんの用意
何もしてない
じゃあたまには
食べに出るか
本当…ですか
ご主人様 !?
いい店
つれてってやるよ！
着がえて
きますっ !!!
…

メイ…
まだかぁ？

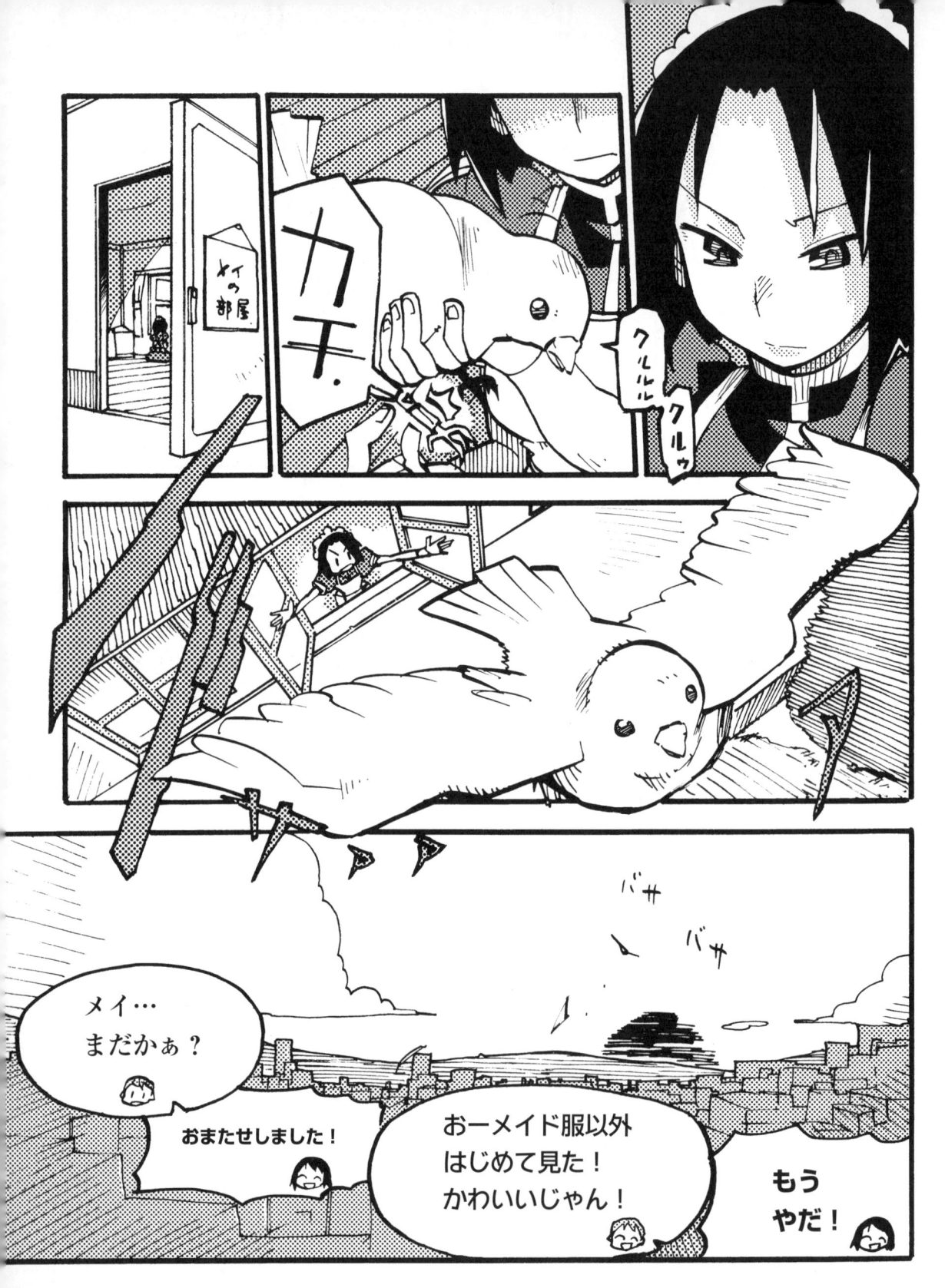

おまたせしました！

おーメイド服以外
はじめて見た！
かわいいじゃん！

もう
やだ！

第4章
CHAPTER 4

さまざまな物質の原点、それは原子

1 原子の構造と周期表

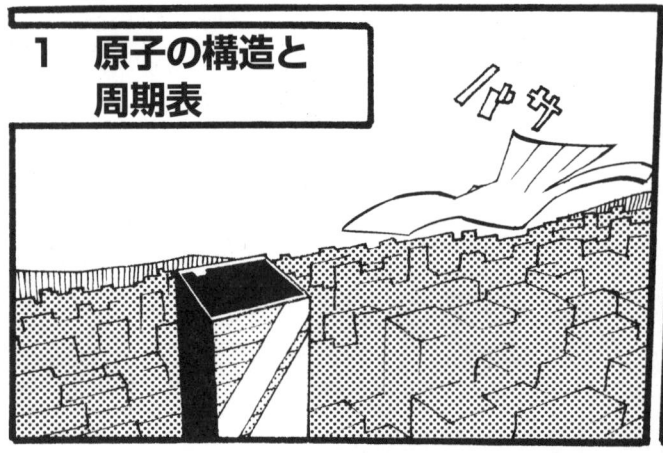

オオ…また来たか

さすがS級スパイ……

次から次へとデータが飛んでくる…

伝書鳩を使ってメモリーを運ぶなんて驚きですね

しかも極秘情報ばかりだ

相当厳重なセキュリティの中盗み出しているのだろうな…

ピタ

ついでに
講議の用意も
お願い

コレあそこの鍵！
やっぱ掃除して
おいたほうがいいし

…

あ…ハイ…

人がいいのか
バカなんだか…
他人にキーなんか
渡しちゃって…

私が
産業スパイ
だとも
知らないで…

どうだー？
終わったか？

では今日は
物質の原点

原子について
話をしよう

にしても…
この情報量…
いつ終わるのか…
何が重要かも
わからないし…

あっ

もう少しです！

85

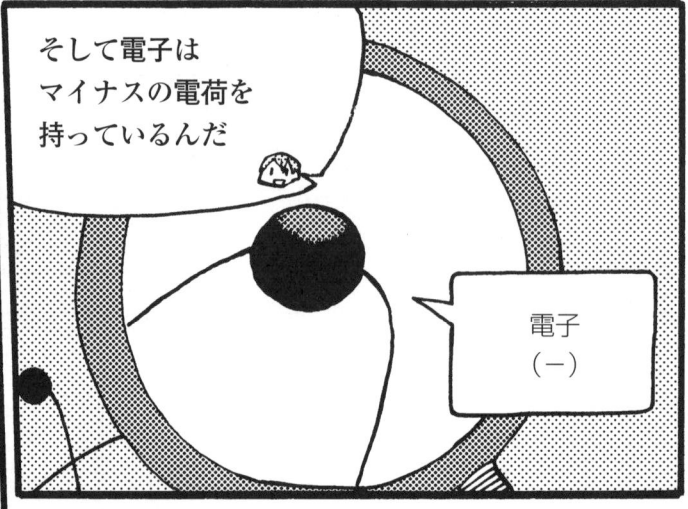

原子の構造解明は
歴史的な変遷があったんだけど
まぁ簡単に説明すると

電子

原子核

原子とは
原子核が中心にあり
それを電子が取り巻いている
ものをいう

原子核は
プラスの電荷を持つ陽子と
電荷を持たない中性子
（電気的に中性という意味）
から成り立っている

そして電子は
マイナスの電荷を
持っているんだ

電子
（－）

陽子（＋）
中性子

本当にそんなものが
あるんですか？

見えないけどね

以前まで電子は太陽の周りをまわる惑星のように考えられて「惑星モデル」と呼ばれてたんだけどね

類似

太陽

だけど量子力学が示したことは電子は原子核の周りにボーッと雲のようなかたちで広がりをもって、取り巻いて存在している…

——という考え方だ

もっと電子数の数が多い（電子番号が大きい）原子の場合は電子はどう原子核を取り巻いているんですか？

電子はそれぞれにあるエネルギーを持って原子核の周りを運動している

ほかの電子の存在を無視して勝手に飛び回ってるわけじゃないんだ

電子はまじめ？

そういうわけじゃない

● 電子のエネルギー状態

それぞれの電子の持つエネルギーは連続的にどんな値でもとることができるわけじゃない

電子エネルギー状態は量子力学的な振る舞いをし飛び飛びの値をとるんだ

〈Li 原子の場合〉

因みに一つのエネルギー状態には一つの電子しか入ることができない

じゃあその一つひとつのエネルギー状態はどのように決まっているんですか？

フム！

単原子の周りの電子のエネルギー状態を決めるのは

まず主量子数 (n)

それと軌道量子数 (ℓ)

外部から磁場をかけると (ℓ) のエネルギー状態がさらに分離することができ

その数は ($2\ell+1$) 個

$2\ell+1$

この数を磁気量子数 (m) という

ここから
半導体の単結晶
を考える上で

電子の軌道の
イメージが
重要になって
くるぞ

はい

ただ
その電子軌道は
単原子の話でなく

…

大量の原子が
集まって結晶を作った
その状態での
電子軌道を
考えるんだ

軌道量子数（ℓ）は
0、1、2、3…と
主量子数（n）から
1を引いた数
だけ存在する

軌道量子数（ℓ） = （$n-1$）

そして
そうやって
決まる（ℓ）の
番号には
名前がある

（ℓ）＝0の時
s軌道

（ℓ）＝1の時
p軌道

（ℓ）＝2の時
d軌道

（ℓ）＝3の時
f軌道

（ℓ）＝4の時
g軌道

g軌道
f軌道
s軌道
p軌道
d軌道

たとえば
水素原子の場合
電子は1個なので

一番エネルギーの
低い状態は
（n）＝1
（ℓ）＝0（s軌道）
となる

s軌道
H
電子
ハイ

この場合の状態を
1s1
と表現する

1s軌道
e
電子

1s軌道に
電子が1個
入ってるってことだ

「1sは一つの
エネルギー状態だから
ここは電子が一つ
しか入らない
気がするだろう」

「はい」

「この量子数の
イメージとしては
回転するコマ
に例えられる」

「コマ？」

「しかし
スピン量子数があり
これは2つの状態を
取ることができる」

「コマで2つの状態を
示すとすれば…

コマが右回りに
まわっている状態と
コマが左回りに
まわっている状態

に相当する」

左回り　右回り

上からコマを見た図

「回転する方向を
そろえるなら

コマの軸が
「上向き」か
「下向き」になっている
と表現してもいい」

ひっくり返す

上向き　下向き

「つまりどちらの
表現も同じ
なんですね」

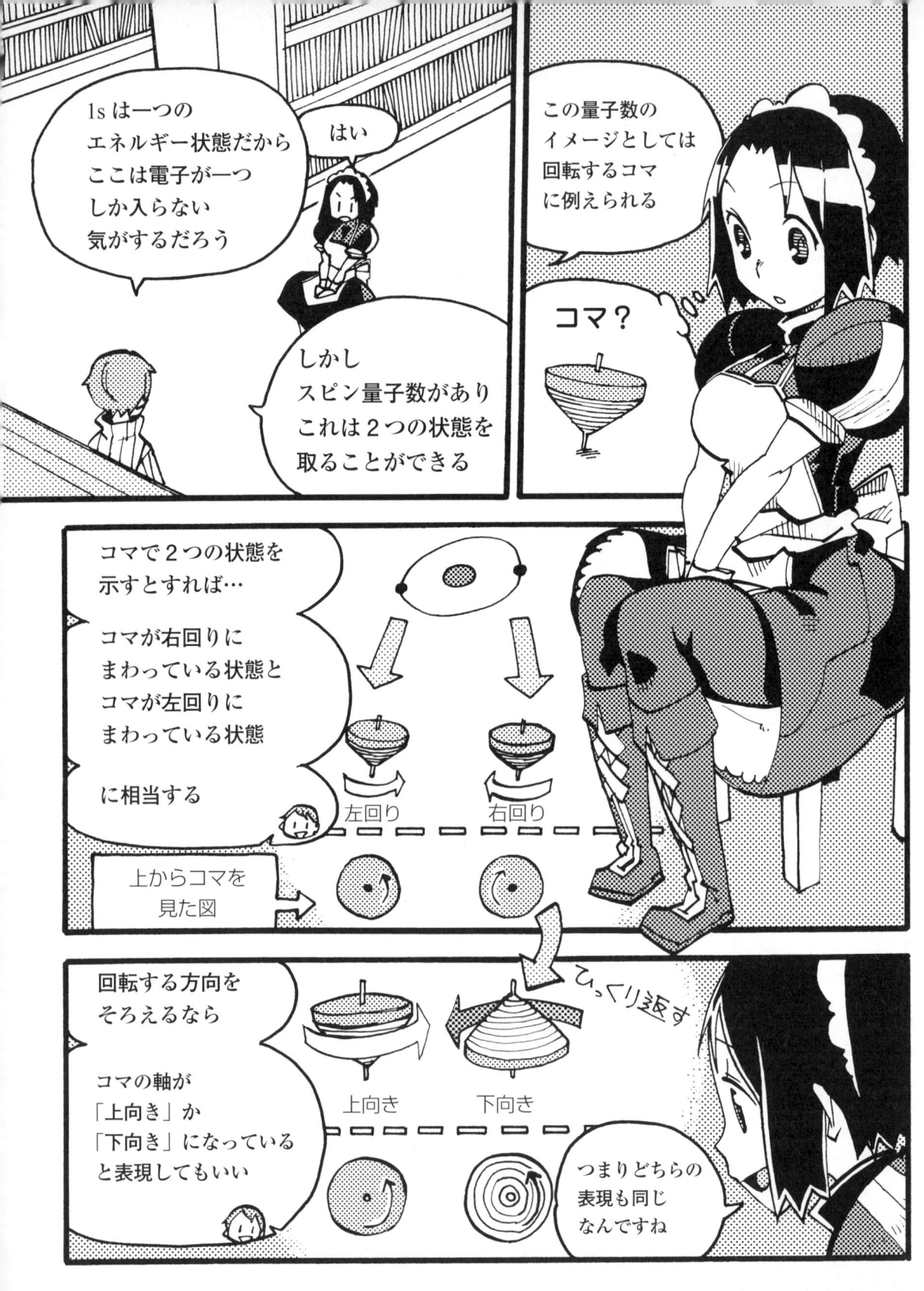

＋	－
右回り	左回り
上向き	下向き

スピン量子数はこれらの表現を総称して「＋」や「－」で表すこともある

つまり1s軌道にはスピン量子数も考慮すると2個の電子が入ることができる

この一つの軌道に入ることのできる電子の数をわかりやすく「軌道の定員」と呼ぼう

電子軌道の定員は軌道量子数に1を加えた数の2倍の個数なんだ

$$電子軌道の定員 = (\ell + 1) \times 2$$

フムフム…

カキカキ…

具体的にいえばこうだ！

- s軌道には 2個
- p軌道には 6個
- d軌道には 10個
- f軌道には 14個

それぞれの軌道の定員が一目瞭然ですね

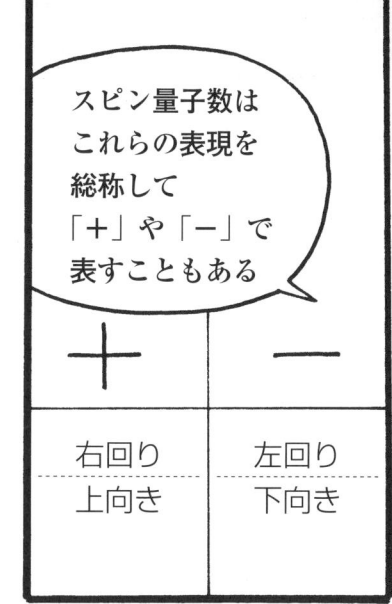

わかりやすくまとめればこうなる！

電子が入り得る座標の割り当て

主量子数（n） ＝ 1　2　3　4
軌道量子数（ℓ）＝ 0　1　2　3
　　　　　　　　　↓　↓　↓　↓
軌道の名称　：　s　p　d　f
軌道内の定量：　2　6　10　14

磁気量子数（m）＝$-\ell$、……、0、……、$+\ell$の（$2\ell+1$）個
（外部から磁場を加えるとエネルギーレベルが分離する）

スピン（s）＝＋と－（あるいは上向と下向）

法則さえ
とらえれば
難しくないだろ

単原子の場合
通常（原子番号が小さい原子）は

下の軌道
（主量子数が小さい方で
かつ軌道量子数が小さい方）
から定員を順番に
埋めていくんだ

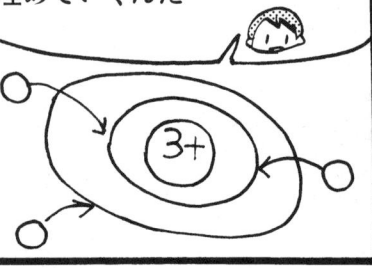

そして
原子番号は原子核の
陽子の数で順番が
決められている

電子
H
陽子
（水素）

陽子　　原子番号
1コ ＝ 1番

じゃあ原子番号2のHe（ヘリウム）は電子も陽子も2コ!?

もちろんさ

原子核の周りを取りまく電子の数は…単原子では中性であるハズなので

陽子

電子

電子の数＝陽子の数となっている！

すなわち！電子の数は原子番号の順番で一つずつ増えていくってわけだ

水素　ヘリウム　リチウム　　炭素
1H　　2He　　3Li　…　6C

また、原子には原子番号の順に名前が付いていてその名前は「周期表」に並んでいるとおりさ

周期表

学校の教科書で見たことあります！

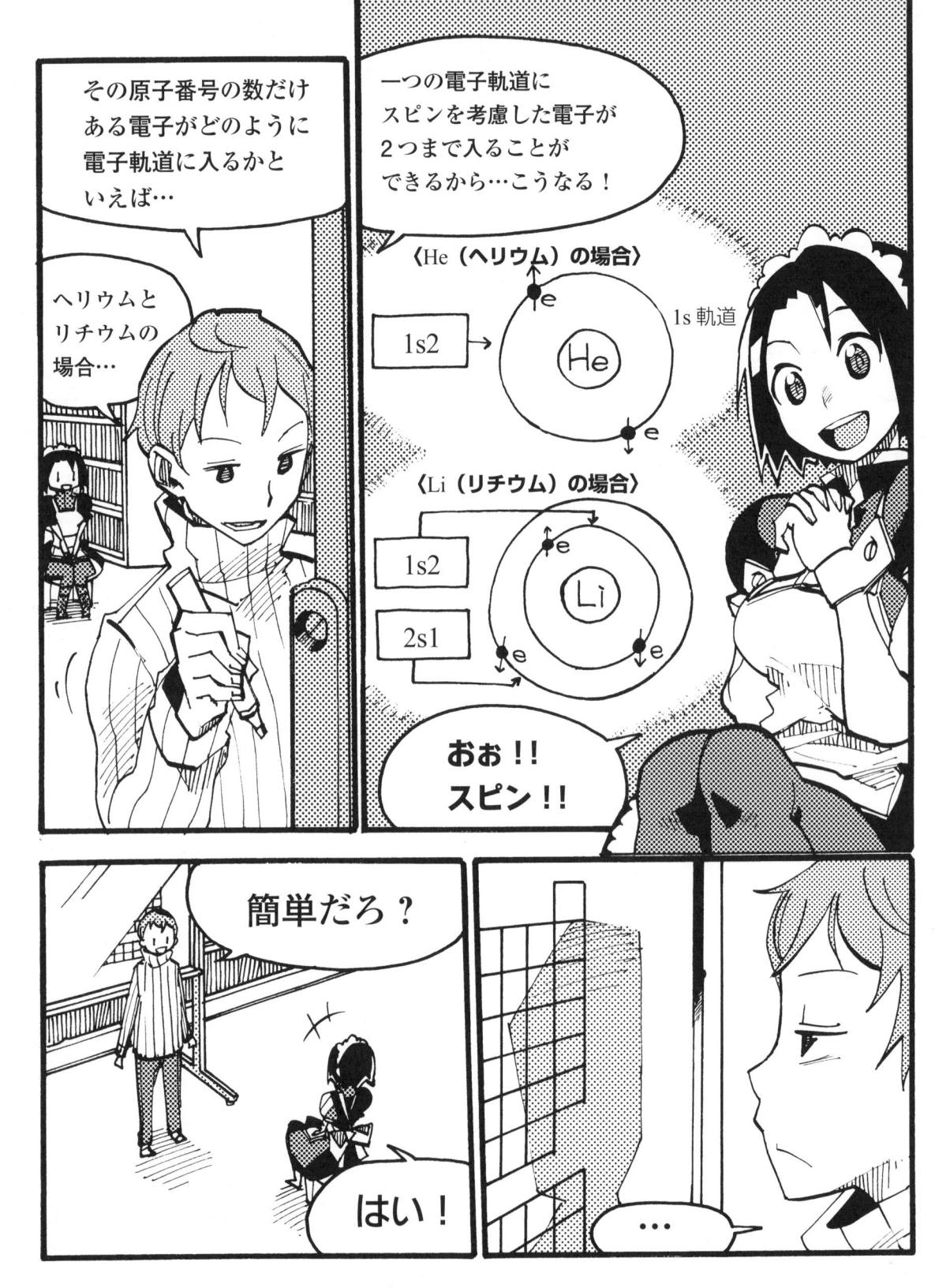

一つの電子軌道に
スピンを考慮した電子が
2つまで入ることが
できるから…こうなる！

その原子番号の数だけ
ある電子がどのように
電子軌道に入るかと
いえば…

〈He（ヘリウム）の場合〉

1s2 → He 1s軌道

ヘリウムと
リチウムの
場合…

〈Li（リチウム）の場合〉

1s2
2s1

Li

おぉ！！
スピン！！

簡単だろ？

はい！

…

周期表も大切なんだが
大丈夫かな？
詳しいことは
184ページ参照だ！

「水兵リーベ僕の船」
大丈夫です！！
暗記してます！！

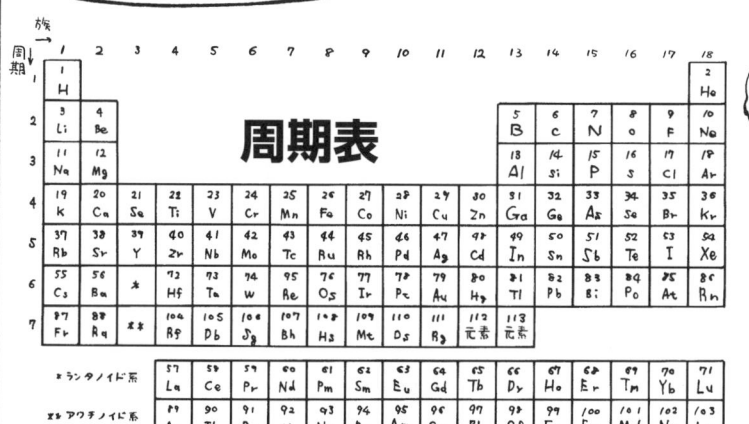

10コくらいまで♡

いいや

原子番号を順に暗記
するのもいいけれど
周期表は「たて」の並びを
よく見なければならない

たて

え!?
そうだった
んですか！

●整流特性

で

半導体特性のさきがけは
周期表にもある
ゲルマニウム
その原子の整流特性
なんだ

整流特性？
なんですかそれ？

95

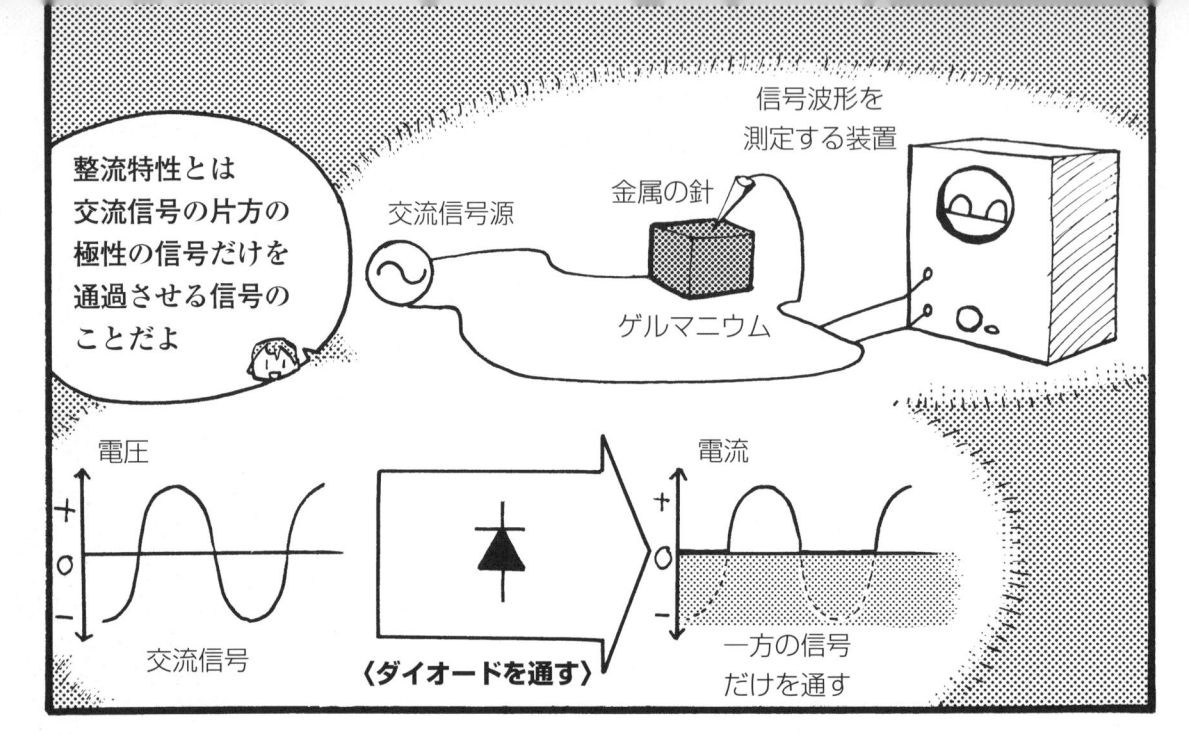

整流特性とは交流信号の片方の極性の信号だけを通過させる信号のことだよ

信号波形を測定する装置
金属の針
交流信号源
ゲルマニウム

電圧
交流信号
〈ダイオードを通す〉
電流
一方の信号だけを通す

豊胸手術とかもしてないし身近じゃないですねシリコン！

おいおい

さて、もっと物性的な話に注目したいので…ゲルマニウムよりも後から実用化された

14 Si

『半導体材料』として現在では最も多く使われている…「シリコン」について少し詳しく話そう

周期表にのってたのに

え！？

シリコンは（Si）は第3周期・14族（古い分類ではⅣ族）だな

ホントにのってた！！

この一つ上の周期（第2周期・14族（Ⅳ族））を見ると炭素（C）があり

一つ下の周期（第4周期・14族（Ⅳ族））を見るとゲルマニウム（Ge）がある

ゲルマニウムもシリコンもその単結晶はダイアモンド（炭素の単結晶）と同じ結晶構造をしている

ダイア！

とろ——ん

ダイアモンドは身近？

ですね！

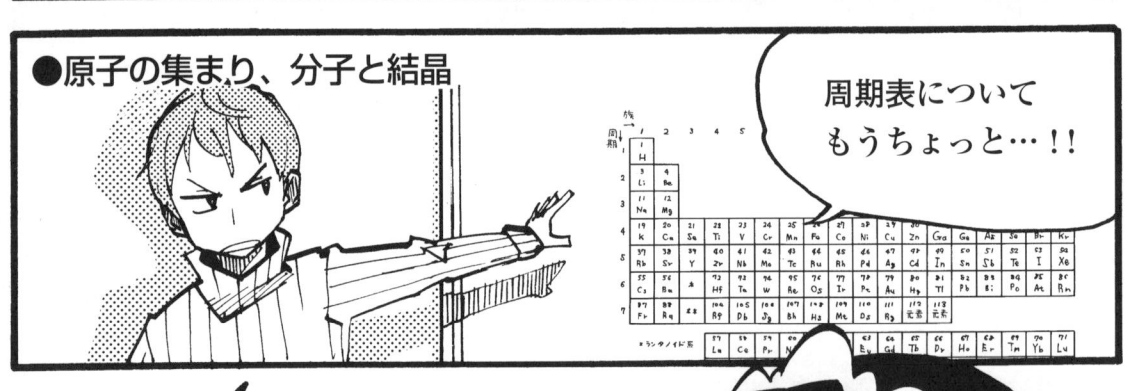

『ダイアモンドも半導体として有効な材料になるのでは？』とシリコンと同じ14族なので予想はできるし研究もされているが

ここでは深入りしない！

シリコンとゲルマニウムでいいし！

残念

● 原子の集まり、分子と結晶

周期表についてもうちょっと…！！

第3周期までは2族の次は13族になってて3族から12族までに元素が割り当てられていないだろう？

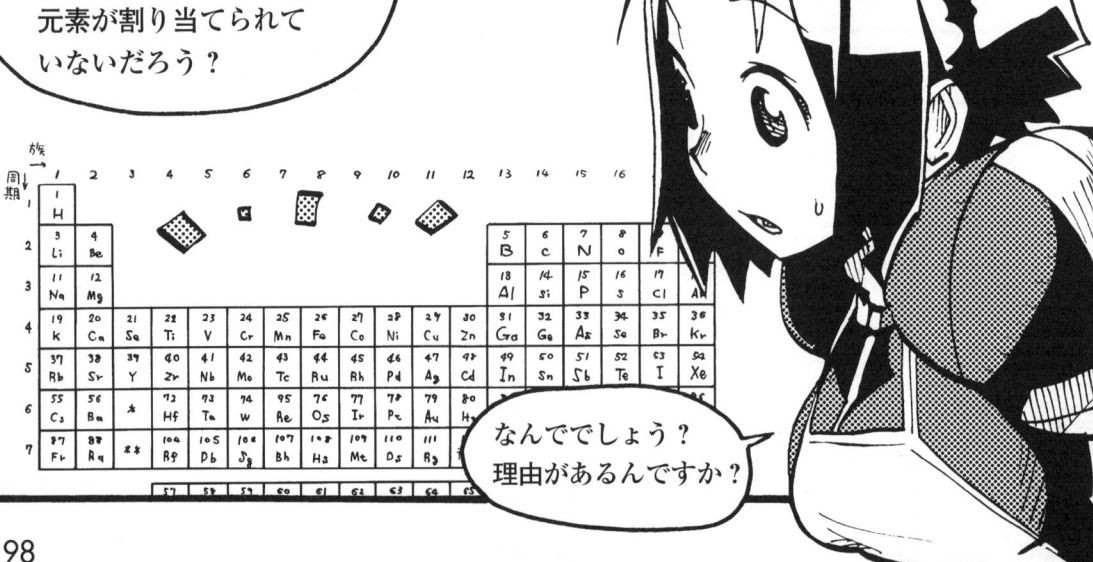

なんでしょう？理由があるんですか？

98

そのわけは電子軌道と大きな関係があるんだ

第2周期の元素はその1sがいっぱいになったあと2sを埋め（LiとBe）

次に2pを順に埋めていき2pに第2周期の6種の元素があてはまる（B（ホウ素）からNe（ネオン）まで）

第1周期は電子が1s軌道だけで定員がいっぱいになるから次の周期に移る

第3周期の元素は1s、2s、2pが埋まったあと3sに電子を埋めていく（Na（ナトリウム）とMg（マグネシウム））

次に3pを順に埋めて3pに第3周期の6種の元素があてはまる（Al（アルミニウム）からAr（アルゴン）まで）

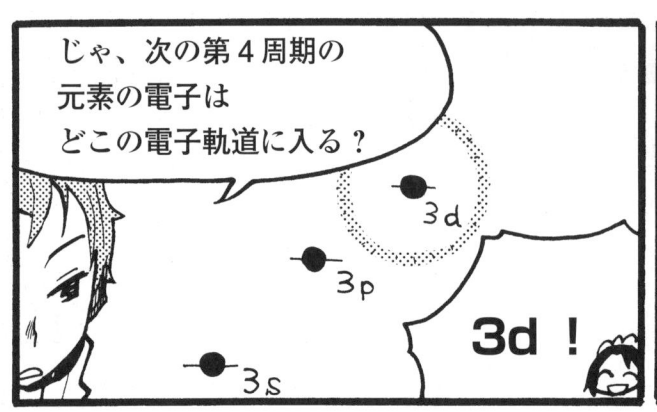

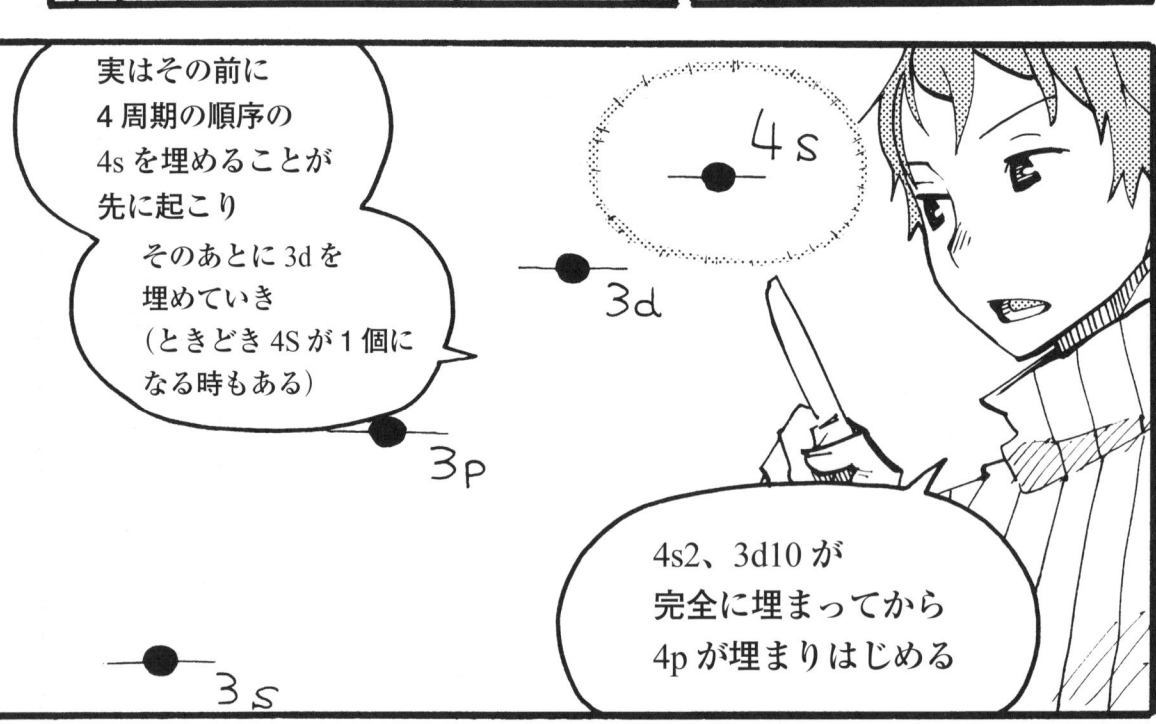

違う!

え?

順番どおりのはずですよ?

じゃ、次の第4周期の元素の電子はどこの電子軌道に入る?

3d!

・3d
・3p
・3s

実はその前に4周期の順序の4sを埋めることが先に起こり

そのあとに3dを埋めていき(ときどき4Sが1個になる時もある)

・4s
・3d
・3p
・3s

4s2、3d10が完全に埋まってから4pが埋まりはじめる

この3dが10個埋まる間が現在の3族から12族の10列に相当している

3d、4sが接近していることが原因と考えられているんだ

近いですか…

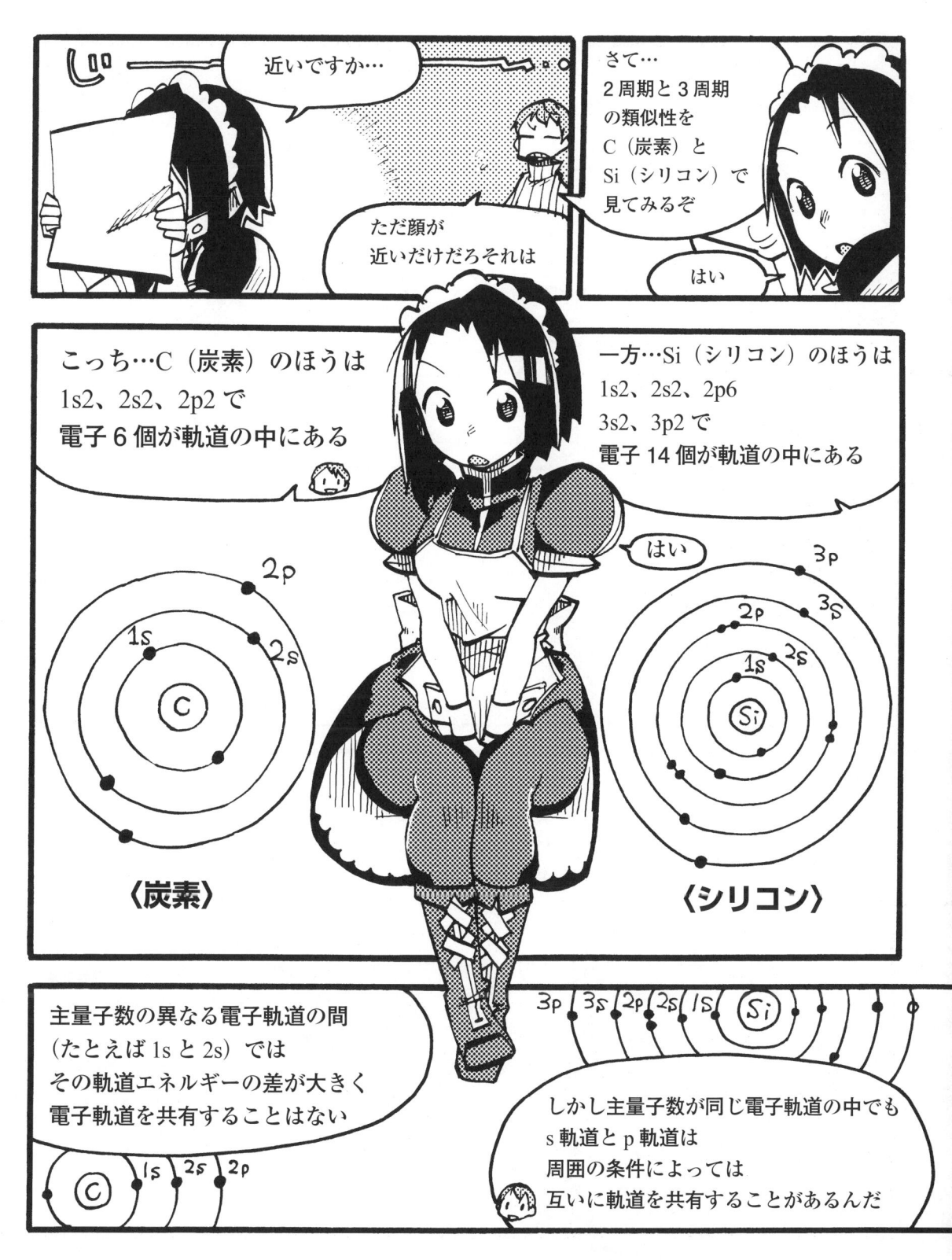

ただ顔が近いだけだろそれは

さて…
2周期と3周期の類似性を
C（炭素）と
Si（シリコン）で
見てみるぞ

はい

こっち…C（炭素）のほうは
1s2、2s2、2p2で
電子6個が軌道の中にある

一方…Si（シリコン）のほうは
1s2、2s2、2p6
3s2、3p2で
電子14個が軌道の中にある

はい

〈炭素〉

〈シリコン〉

主量子数の異なる電子軌道の間
（たとえば1sと2s）では
その軌道エネルギーの差が大きく
電子軌道を共有することはない

しかし主量子数が同じ電子軌道の中でも
s軌道とp軌道は
周囲の条件によっては
互いに軌道を共有することがあるんだ

第4章　さまざまな物質の原点、それは原子　101

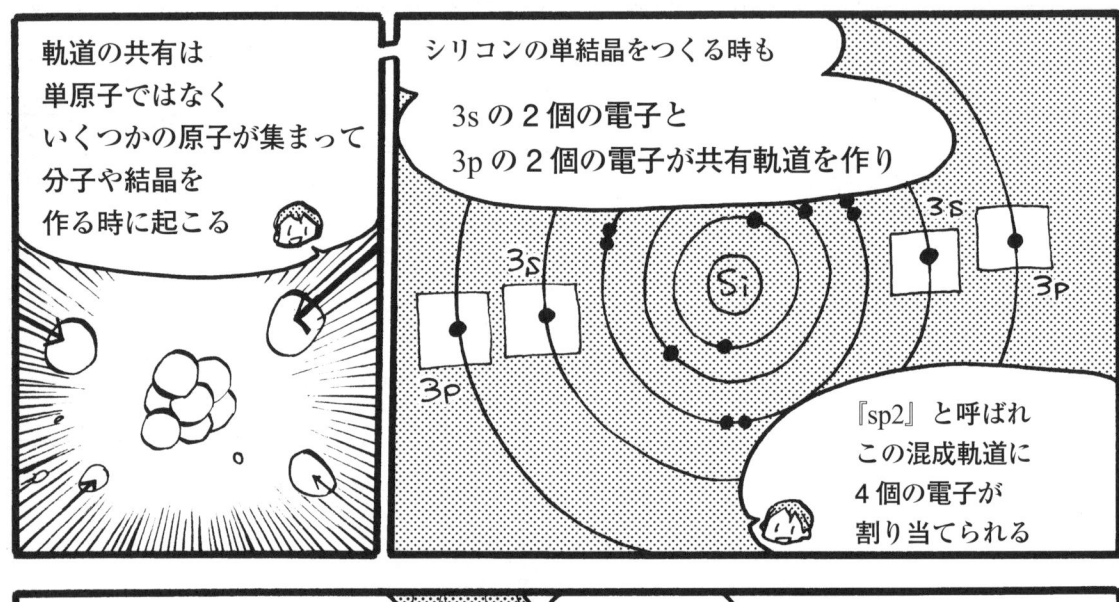

軌道の共有は単原子ではなくいくつかの原子が集まって分子や結晶を作る時に起こる

シリコンの単結晶をつくる時も
3sの2個の電子と
3pの2個の電子が共有軌道を作り

『sp2』と呼ばれこの混成軌道に4個の電子が割り当てられる

このことが半導体入門書で「Siの外郭電子が4個…」といわれる根拠だ…

たしかにかいてありますが…

外郭って…一番外側の電子の数って2個なのでは？

単原子で見ると3s2まで電子を埋めたあと3p2にしかなっていないので外郭電子は2個と思いがちだけど

実は3pと3sの電子が共有軌道を形成することで外郭電子が4個になる

これにより4本の腕を持つ原子の絵が登場することになる

4本腕…みてみたい？

はい！

えーと…ここらへんの本でいいかな？

しかしこっちが実際のかたちだ

これが入門書でよくある見せ方だ 平面的に見せてある

おぉ

参考書などの記述例

実際のかたち

第4章 さまざまな物質の原点、それは原子

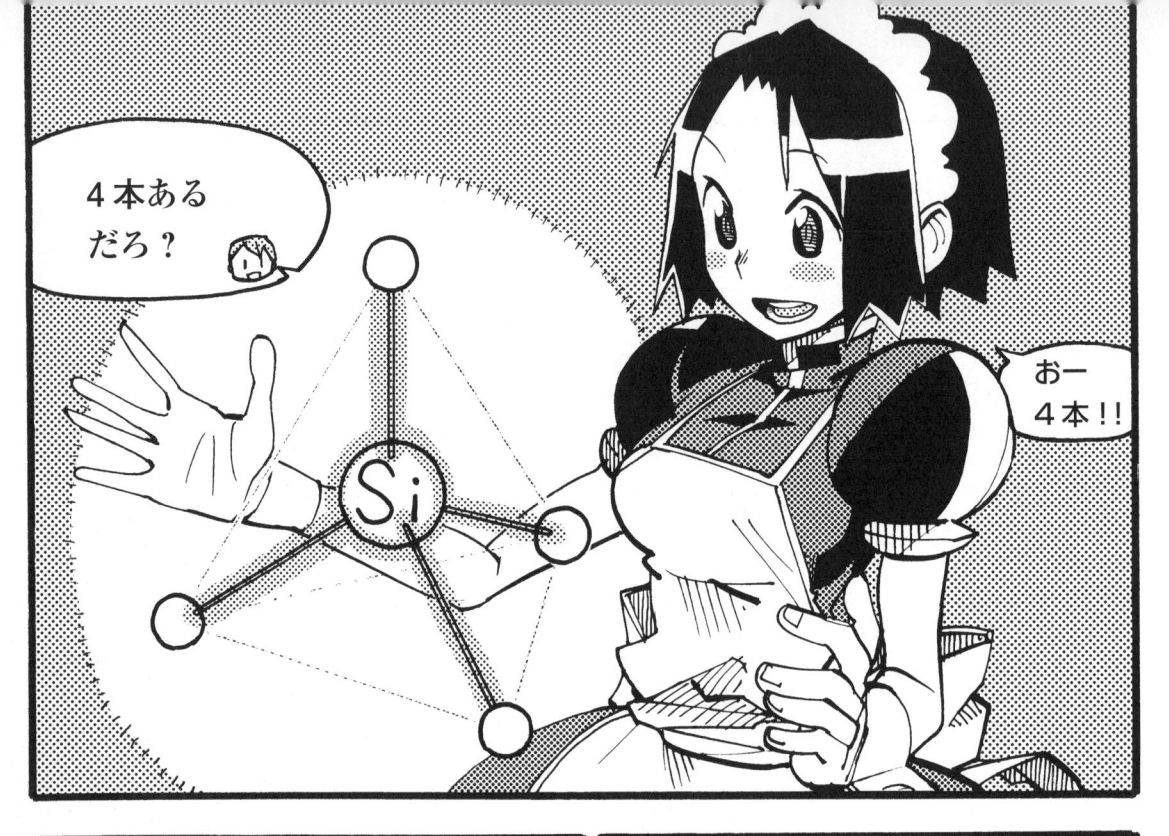

4本あるだろ？

おー4本!!

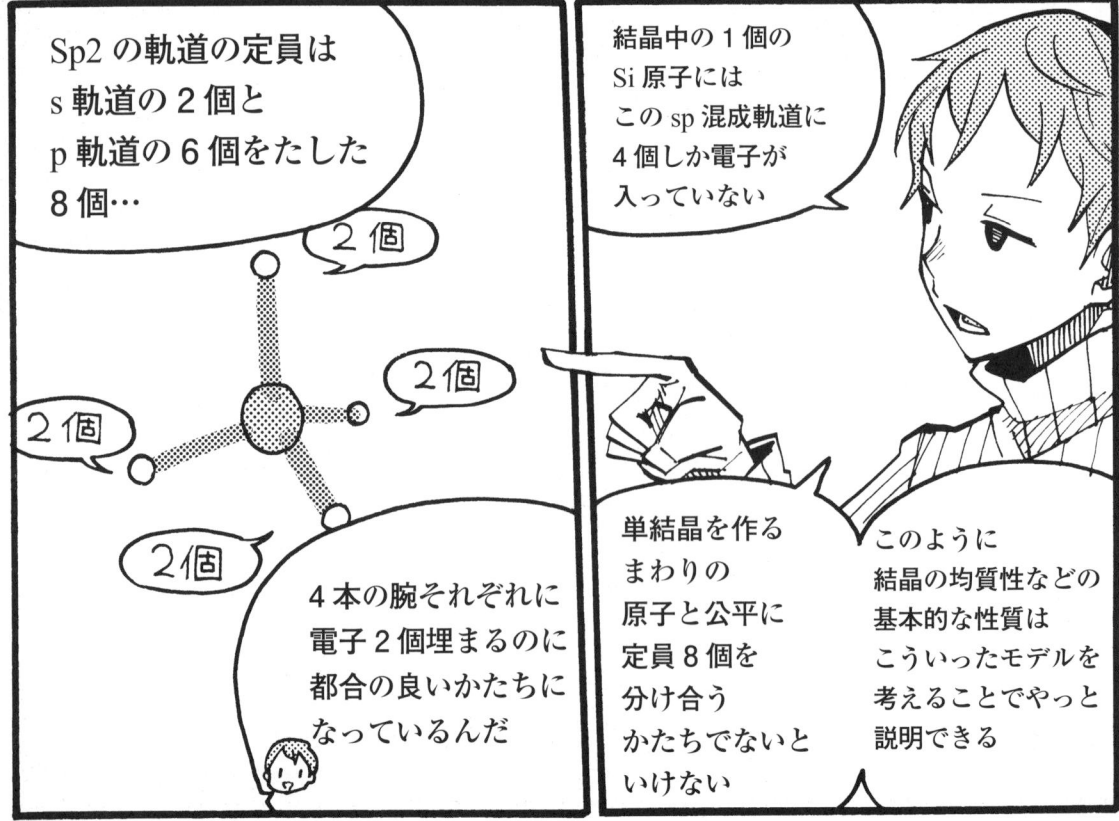

結晶中の1個のSi原子にはこのsp混成軌道に4個しか電子が入っていない

Sp2の軌道の定員はs軌道の2個とp軌道の6個をたした8個…

2個
2個
2個
2個

4本の腕それぞれに電子2個埋まるのに都合の良いかたちになっているんだ

単結晶を作るまわりの原子と公平に定員8個を分け合うかたちでないといけない

このように結晶の均質性などの基本的な性質はこういったモデルを考えることでやっと説明できる

そこで分子が単結晶を作る時この４本の腕が立体構造としてどう伸びているかが問題となる

？

なんで問題に？

たとえば…
４本の腕が原子の中心から同一平面内で上下左右の４方向に伸びているとすれば…

Si Si Si Si Si Si

な？

布！？

そんなSi原子なら無限につなげて面状にできるだろ？
ただし…
厚さは原子１個分

ま…もしもできてももちろん目には見えないだろうけどな…！

第４章　さまざまな物質の原点、それは原子

実際のSi単結晶はごろごろした立体で

半導体部品製造に使われる原料としてのシリコン（インゴットと呼ばれる）は円柱状だ

じゃあ

っ

Si原子からどういうふうに4本腕を出せばそんな結晶ができるんですか？

それはね…
正三角錐の中心にも原子を置いた時

その中心から各頂点に腕を伸ばすと
4本の腕が立体的に対等（公平）なかたちを作ることができる

「ダイアモンド構造」と呼ぶんだ

それがいくつもつながったのがこれだ…

C（炭素）の2sと2pの混成軌道で作られたsp2共有結合で単結晶を形成したダイアモンドの構造そのものからこの名称はきているんだ

いえ—

ダイアモンド—!!!

本当に好きなんだなダイアモンド

キラキラしててキレイですもん！

そうか…

第4章　さまざまな物質の原点、それは原子

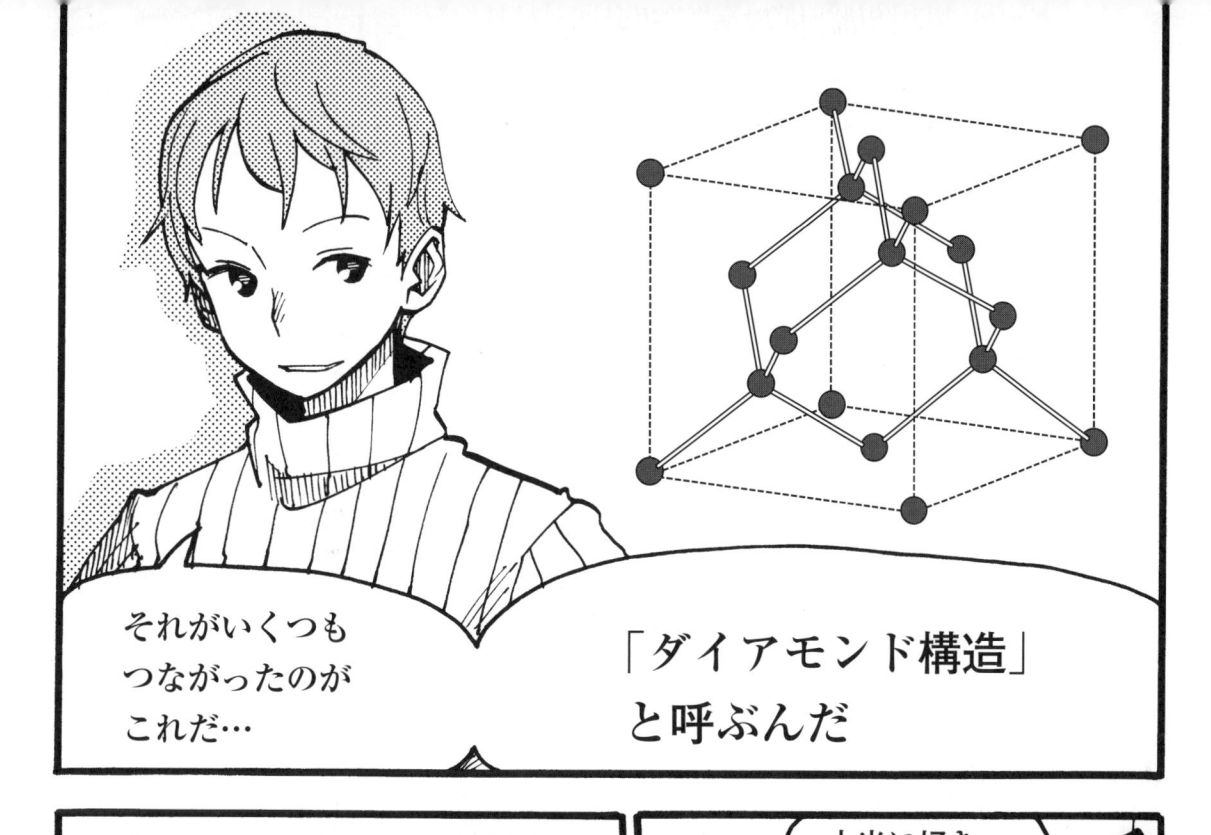

へ？ 何コレ？

プレゼント…

プレゼント…私に？

でもまだ開けんなよ！全部講議済ませてからだ！

…

じゃあ今日はここまで…!!カレー作ってくれ！

あ！

ハイ!!!

2 フォローアップ

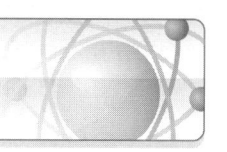

🔔 周期表の補足解説

初めて周期表を習った時を思い起こすと、たぶん、「水兵リーベ、ぼくの船…」などと、周期表の左上から右に向かって、文章の行を読むように暗記した記憶があるかもしれない。

しかし、周期表はあくまでも「周期と族」に着目してまとめられており、一連の番号順に暗記してもあまり意味がないのである。

ではどのような点に着目して周期が見つけられたかというと、ある元素に着目した時の化学的な反応の類似性を基準に考えられている。

メンデレーエフが周期表のアイディアを発表した当時は、あまり評価されなかったが、この表をもとに、表中の空白部分に新しい元素が見つかるにつれ、周期表の真価が理解されるようになった。

たとえば、塩素「Cl」は「NaCl」や「KCl」のような化合物を作り、結晶構造も同様のものを作る。このことから、NaとKは類似の性質を持っていると判断できる。さらに「KBr」という化合物も結晶として存在し、「KBr」と「KCl」をくらべて、ClとBrが同じ性質をもつだろうということが予測できる。

このように、化合物の比較検討から作られたものが「周期表」である。

ところが、化学反応にかかわらない元素もある。それらは「希ガス」あるいは「不活性ガス」と呼ばれる仲間である。すなわちHe、Ne、Ar、Kr、Xe、Rnである。

族の番号の表記法であるが、はじめは現在のような、各周期（周期表の横の一列）を18の族（縦に並ぶ列）に分かれていなかった。古い周期表では族の番号をローマ数字（I、II、III、IV、V…）を使って表していたが、新しい周期表においてはアラビア数字（1、2、3…）で書くことになっている（最近では古い周期表に基づいた族番号もアラビア数字で書くようになっているが、本書では半導体産業での慣習と新・旧の族を明示する目的で旧周期表族番号にはローマ数字を用いた）。

はじめは、I族からVII族と0族に分け、現在の13族から17族はIII・AからVII・Aと呼び、現在の3族から7族はIII・BからVII・Bと呼ばれていた。またFe、Co、Niのある現在の8族から10族はまとめてVIII族と呼んでいた。

新しい周期表で11族と12族のCu、Znのあるところは、古い周期表ではⅠ・B、Ⅱ・B族と書かれていた。これらの古い族の分類を、新しい分類に改めた最大のきっかけは、周期表を単なる化学反応に基づく分類としてとらえるのではなく、原子番号順に並べた時に、電子軌道の外郭の様子が物理的な実験から解明されてきたことにある。

　ところで、半導体材料として現在最も多く利用されている元素はSi（シリコン）である。Siは、現在の族の番号でいえば14族にあたる。しかし、半導体を扱う人たちは、依然として古い族番号で呼ぶことが習わしになっている。周期表でSiの次の周期にはGe（ゲルマニウム）がある。歴史的には、Geのほうが早くから半導体としての研究対象であった。この流れからすると、Siの一つ前の周期にあるC（炭素）の半導体の研究対象として可能性は高い。炭素の結晶構造でもっとも硬い結合は、Siの単結晶と同じダイアモンド構造である（歴史的には、炭素の単結晶のダイアモンド構造が先に発見されており、SiやGeの単結晶も同じ構造から、「ダイアモンド構造」と呼ばれる。結晶学的な分類で呼ぶと、「面心立方」という名称が付いているが、面心立方の中でも独特な構造をしているので、「ダイアモンド構造」のほうが、半導体産業の中では一般的な呼び方である）。

　現在では、人工ダイアモンドを使った半導体の研究も盛んに行われるようになっているが、まだ、我々の身の回りの電子製品として普及する段階には至っていない。

　GeやSiといった単原子の結晶を材料にした半導体だけではなく、化合物半導体と呼ばれるものがある。たとえば、Ga（ガリウム）とAs（ヒ素）の1：1の化合物で作られた半導体がある。名称はGaAsと書き、ヒ化ガリウム（あるいは、そのままガリウム・アーセナイド）という。半導体産業の人たちや電子回路にかかわる人たちは、「ガリ・ヒ素」と化合物記号を短縮して読むことが多いが、物理学や結晶学を専門にする人たちからは「ガリ・ヒ素」という表現は、結晶化した化合物というよりは、単なる混合物のように受け取られてしまうようである。

　GaAsは高周波回路のなかでも周波数が1GHz(10の9乗ヘルツ)以上の領域（たとえば携帯電話の無線周波数）で、活躍する半導体材料である。

　SiやGeが古い周期表のⅣ族に入っているのに対し、GaはⅢ族、AsはⅤ族であることから、GaAsのような組み合わせの半導体を「Ⅲ－Ⅴ族半導体」という。

真性半導体とエネルギー・バンド構造の補足

図4-1に示したエネルギー・バンドの例が、Siの真性半導体（純粋なSiだけの結晶で不純物を含まない半導体ということ）という。

これを固有半導体と呼ぶこともある。いずれも「intrinsic semiconductor」の訳語である。

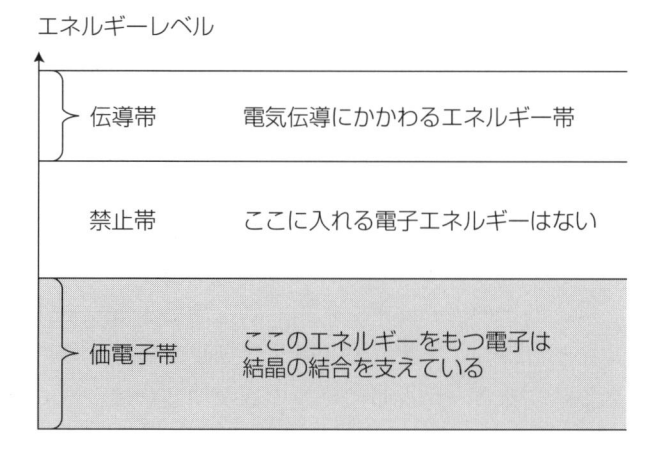

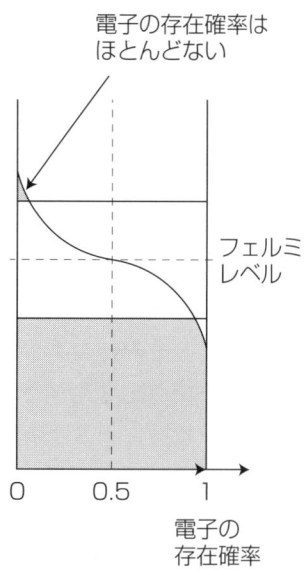

●図4-1　エネルギーバンドの例

炭素だけで作られた同様の結晶構造をしたダイアモンドは、常温では絶縁体である。

よく「炭素は電気を通す」といわれるが、木炭などの「炭」は単結晶になっておらず、次の図4-2に示すような「禁止帯」はなく、電気をよく通す構造である（とはいっても、銅線などの金属とは異なり、電子回路の中で抵抗器として使われる材料にもなっている）。

炭は確かにほぼ100％炭素から成り立っているが、炭が電気を通すからと言って、炭素の単結晶が電気を通すとは限らないのである。

また、炭素の原子が板状に亀甲模様のように並んだものが積み重なってできたグラファイトという物質は、電気をよく通すことが知られている。

では、金属のエネルギー・バンドはどのようになっているだろうか？

図4-2に示すように、常温でも伝導帯に電子が多く存在し、電気をよく通す構造である。

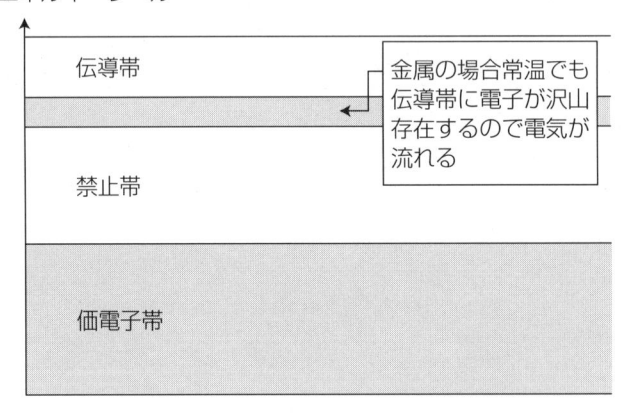

```
          ↑ エネルギーレベル
          │
┌─────────────────────────────────┐
│  伝導帯         ┌──────────────┐ │
│          ←─────│金属の場合常温でも│ │
│                │伝導帯に電子が沢山│ │
├─────────────────│存在するので電気が│─┤
│  禁止帯         │流れる        │ │
│                └──────────────┘ │
├─────────────────────────────────┤
│                                 │
│  価電子帯                       │
│                                 │
└─────────────────────────────────┘
```

● 図 4-2　金属のエネルギーバンドの例

　このように、結晶構造をささえる結合の腕の中の束縛から離れて、伝導帯に自由に動き回れる電子があると、電気をよく通すことになる。

　また、電子の持つエネルギーは、温度の上昇とともに増大し、価電子帯の中にいる電子でさえも大きなエネルギーを持つことで、禁止帯を飛び越え伝導帯のエネルギー状態に入ることができる。すると、伝導帯の電子の数が増えれば、電気をよく通すことになる。

　この性質…真性半導体の場合「温度が上がると電気をよく通すようになる」ことが、半導体材料の特徴である。

　金属の場合、温度上昇とともに、伝導帯の電子同士の相互作用（ぶつかりあい）が強くなり、伝導帯の中での電子が移動しにくくなるため、電気は通りにくくなる。

　すなわち、金属の場合は「温度が上がると電気を通しにくくなる」ことが特徴で、真性半導体の場合「温度が上がると電気をよく通すようになる」ことが特徴である。

　単に電気を通しやすいか通しにくいかということで、良導体か半導体かあるいは絶縁体かを分類することは、あまり意味のないことである。

　我々が興味を持つところは、電気を通しやすいかどうかという問題ではなく、この素材が電子回路にどのように応用されていくかである。

　それを知るには、次章で示す「わずかに不純物を混ぜた半導体」結晶である。

うーん…じゃあ 真性半導体の場合「温度が上がると電気をよく通すようになる」が半導体材料の特徴なんですね！

そのとおり

また一方金属の場合温度上昇とともに伝導帯の電子同士の相互作用が強くなる

そのため、伝導帯の中での電子が移動しにくくなるそれによって電気が通りにくくなる

つまり「温度が上がると電気を通しにくくなる」というのが金属の特徴なんだ

熱そう…

電気を通しやすいかどうかという問題ではなく

素材が電子回路にどのように応用されていくのかどうかが重要なんだ

前に 電気を通しやすいか通しにくいかで良導体か半導体か絶縁体を分別することはあまり意味がないって言ってましたよね？

ああそうだ

なるほど！

第4章 さまざまな物質の原点、それは原子　113

第5章
CHAPTER 5

不純物を少し混ぜた
シリコン単結晶

■ **不純半導体の
エネルギーバンド**

正体が
バレているのでは？

中身は
なんだろう？

本当にただの
プレゼント

スパイがかゃんでいるのは
たのしいなー！

でもまだ
開けんなよ！
全部講議
済ませてからだ！

ならなぜ
あんなことを…

まあいいや！
あとで開けたら
わかることよね！

いい天気
だねェ…

！

第5章　不純物を少し混ぜたシリコン単結晶

はい！

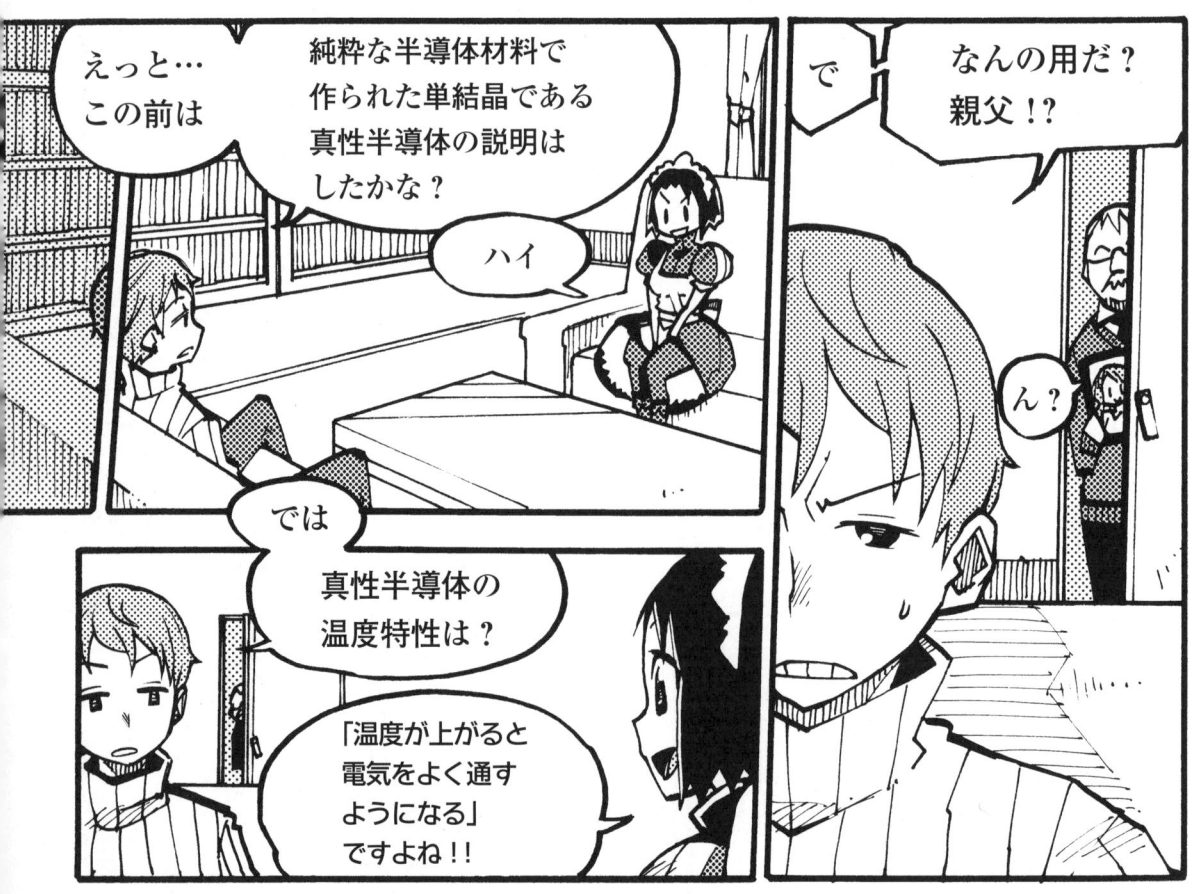

カレーをおかわりするくらいには!!

よかった

なんの用だ？親父!?

で

ん？

えっと…この前は

純粋な半導体材料で作られた単結晶である真性半導体の説明はしたかな？

ハイ

では

真性半導体の温度特性は？

「温度が上がると電気をよく通すようになる」ですよね!!

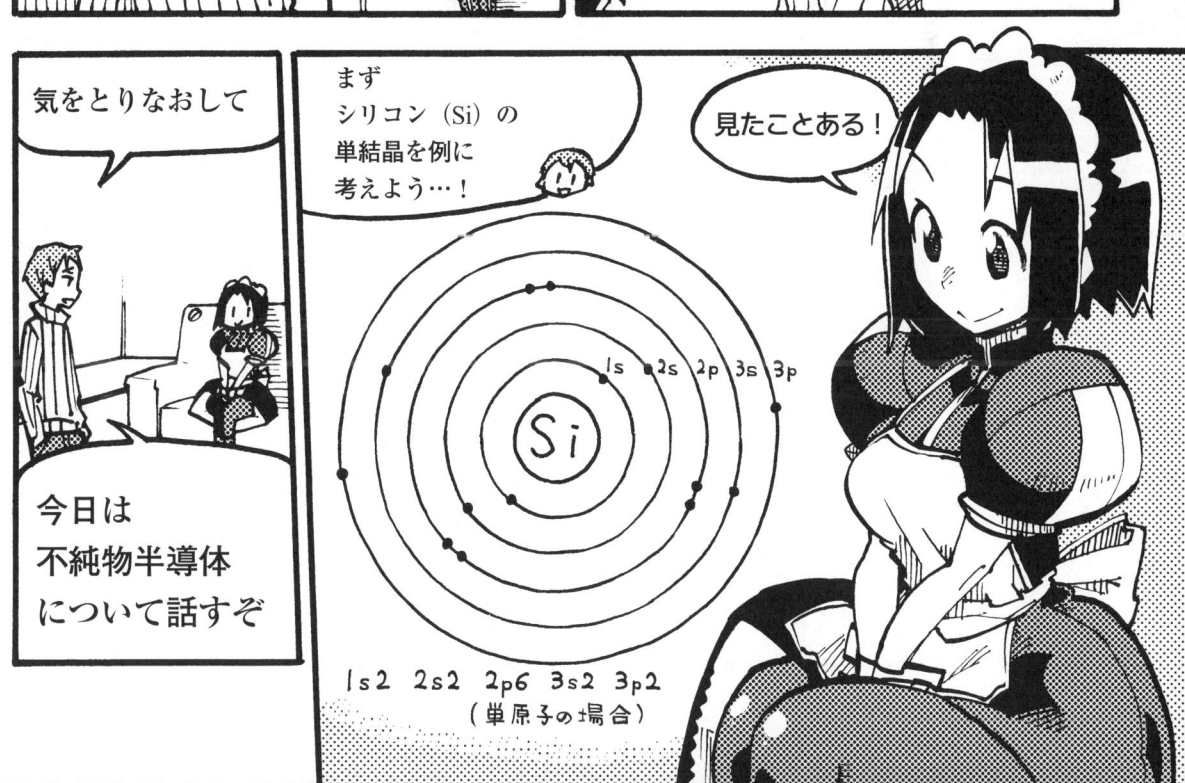

息子がかわいい娘さんに勉強を教えてる…母さんとその勇姿見学したくてねェー

でていけぇー!!

ったく かわいいっていわれた!やったー!!

たしかにかわいいけど 料理のレパートリー増やせよ!

メイドだろ？

ひどぃ…

気をとりなおして 今日は不純物半導体について話すぞ

まずシリコン(Si)の単結晶を例に考えよう…!

見たことある!

Si
1s 2s 2p 3s 3p

1s2 2s2 2p6 3s2 3p2
(単原子の場合)

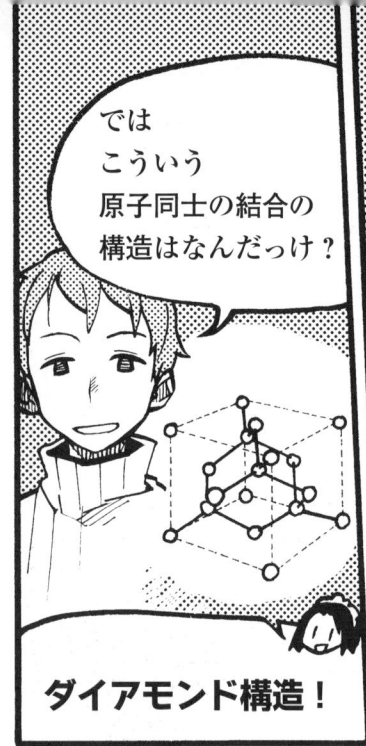

では
こういう
原子同士の結合の
構造はなんだっけ？

この構造を壊さないようにして
Si原子をほかの原子と
ところどころ交換すると、
不純物半導体に
なるんだけど…

うーん…

どうやって！？

ダイアモンド構造！

じゃあもう一度
シリコン（Si）の
周りを見てみよう…

この結晶構造を
大きく変化させない
ようにするには

シリコンと作る分子の
電子の軌道（＝分子軌道）
がシリコン単体と類似
してなきゃだめだ！

分子軌道が類似のかたちになるには
外郭の分子軌道が
sp2混成軌道を作るもの
でないとうまくはいかない…

目の付けどころは
こんな感じ
でしょうか？

13(Ⅲ)	14(Ⅳ)	15(Ⅴ)
5 B	6 C	7 N
13 Al	14 Si	15 P
31 Ga	32 Ge	33 As

上出来だ！
14族（Ⅳ族）に対して
13族（Ⅴ族）か
15族（Ⅵ族）が最も
可能性が高い！

ではまず
Siよりも電子が
一つ多い
リン（P）について
学んでいこう

はい！

PをSiの単結晶の中に
埋め込んでみると

sp2混成軌道の
一つひとつの結合には
電子が2つずつ
結合の数（腕）は4つ

な！

余った！

PはSiより電子が
一つ多いので
電子がPの周りで
余ってしまう…！

第5章　不純物を少し混ぜたシリコン単結晶　121

●結晶は平面でなく立体

よくある半導体の入門書では
「この一つ余った電子が
電気を運ぶようになる」
…と書いてある

電子のsp2混成軌道を共有して
原子同士をつなぐ状態を考えると
Pの原子核があたかも
プラスに帯電したようになる

なりますね！

このため
マイナスの電子を
引き止めてしまいそうに
思えるけど
ちょっとちがうんだ

なぜなら
本当に電子を引き止めたら
電流は流れなくなる
からね！

なるほど

ちなみに
立体構造に
直しても
同じだから

どうなっているのか
イメージしてみよう
たとえば広いSiの海の中に
P原子核が収まった時に

だから
入門書にあるような
電子がひとり歩きをしている
ような図は本来
正しくないんだ

その周辺の電子の
エネルギー状態は
どうなるかを
考えよう！

※Siの海

●ドナーレベル

リン（P）の周辺には
その付近に
伝導帯の下端近くにできる

このあたりのエネルギーレベルを
「ドナーレベル」
（あるいはドナー準位）
と呼ぶんだ

でもでも…
イオン化した原子核付近
のドナーレベルは
禁止帯の中に
ありますけど

伝導帯に近すぎ
じゃないですか？

まんなかぐらいも
いいのに…

そこが
重要なんだ！

123

ドナーレベルにある電子は室温でも簡単に伝導帯の中に上がっていくんだ

伝導帯まで上がった電子は金属の電気伝導と同じように電気を通すことができる!?

そのとおり!

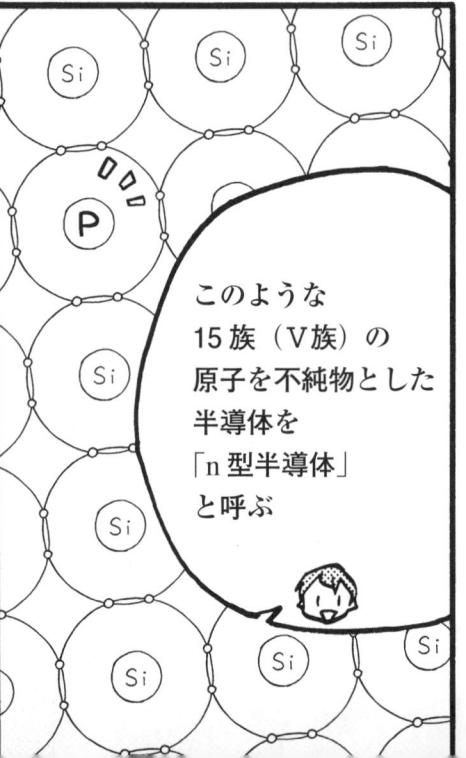

電気を通すことができるというと電子が「マイナスの電荷を持つ粒子」として電気を運搬していく印象だけど

実際は波としての性質を持つ電子エネルギーが空間を伝っていく感じだな

粒子として動きだすと金属の場合でも伝導帯の中にたくさんいる電子と相互作用しながらゴソゴソ動いていくことをイメージしてみよう

電線の中をほぼ光の速さで伝達することは考えにくい

このような15族（Ⅴ族）の原子を不純物とした半導体を「n型半導体」と呼ぶ

今度はPの代わりにsp2混成軌道の外郭電子が一つ少ない原子を考えよう

Siの一つ手前はアルミニウム（Al）だが半導体ではホウ素（B）を利用することが多いんだ

なぜホウ素かというとアルミニウムはそのものの純度を高めるのが難しいんだ

そして製造過程での材料の取り扱いやすさもホウ素が選ばれる要因だ

そして、これがシリコンにホウ素を不純物として混ぜた場合のものだ

外殻電子がSiよりも一つ少ないから…空席が一つありますね！

これが電気伝導の鍵ですか？

これもよくある入門書では「空席に近くの電子が入り込む そしてまたその空席の近くの…」とあって

空席を埋めながら電子が移動することで電気伝導が起きるようにとれるんだけど

電気信号の伝わる
スピード感が
ないように思います

うん

13（Ⅲ）族不純物が
加えられたSi結晶も
n型半導体の時のように
立体的に
電子軌道のエネルギーを
考えよう

結晶を形成する時
電子軌道そのものは
Siの中にBが少し
混っても大きな変化は
ないけど

ただ
原子核の陽子の数が
SiとBとでは違うから
その周辺にほかとは違った
電子のエネルギー状態が
作られる

価電子帯の上端近くにできる
このエネルギー状態を
「アクセプタレベル」
と呼ぶんだ

伝導帯
禁止帯
価電子帯

アクセプタレベルによって
常温では価電子帯から禁止帯を
飛び越えて伝導帯まで
上がることができない
電子が

伝導帯
禁止帯
価電子帯

価電子帯からアクセプタレベル
までエネルギー的に
飛び上がれるようになる！

エネルギー的に飛びあがった電子のいた場所は電子がいなくなるわけだからあたかもプラス（正）の電荷をもつ穴のようになる

それを「ホール（正孔）」と呼ぶ

禁止帯

価電子帯

ホール！

ホール（正孔）

このホールは電子と逆の「プラス」の電荷を持ち類似のふるまいをする

＋ 粒子としての性質
波としての性質

すなわち粒子としての性質と波としての性質を併せ持つということ

なるほど！　フムフム！

ただし

伝導帯の中の電子同士の相互作用の強さと価電子帯の中でのホールと電子の相互作用の強さに違いがある

このような不純物として13族（Ⅲ族）を加えホールが電気伝導を担う不純物半導体を…

p型半導体という！

あ

単にプラスとマイナスの性質の違いだけじゃなく結晶内部での電気エネルギーの伝達スピードにも差があるんだ

バ
タン
終わり!!
ご
ご主人様!?
…
どうしてパパ
いてくれなかったのさ!?
ママが苦しんでる
時に…
仕事だったって
いうの!!?
ああ…
気分悪い!!
…

第6章
CHAPTER 6

不純物半導体の応用、ダイオードとトランジスタ

1　シリコンダイオード
ご主人様ァー!!
ゴッ。
なんだ？
うるさいなー…
すみません！
でもコレ!!
お父上様が
こんなモノを…
どうしよう!?
ちょっと
出かけます。
パパ
あー!?
えー!?
びり
びり
気にすんな！
こーゆー
奴なんだよ
え？

母さんが死んだ時にだって仕事にかまけて来なかったんだ

親父には仕事のほうが大事なんだろうさ…

いや…その…そんなことは…

ハッ

オレがいうからそーなんだよ！

さぁ!!勉強の続きをするか！

…

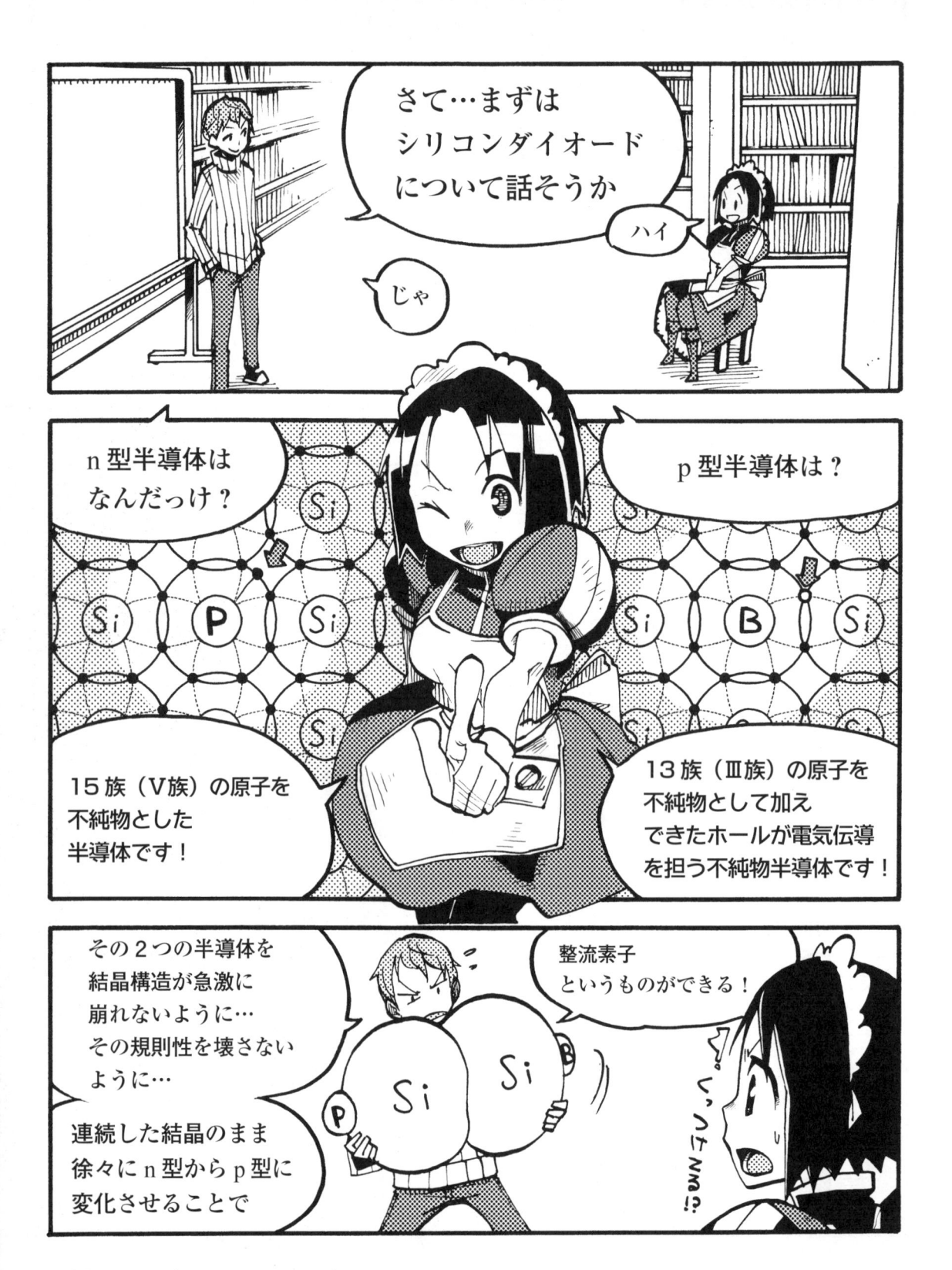

さて…まずはシリコンダイオードについて話そうか

じゃ

ハイ

n型半導体はなんだっけ？

p型半導体は？

15族（V族）の原子を不純物とした半導体です！

13族（Ⅲ族）の原子を不純物として加えできたホールが電気伝導を担う不純物半導体です！

その2つの半導体を結晶構造が急激に崩れないように…その規則性を壊さないように…
連続した結晶のまま徐々にn型からp型に変化させることで

整流素子というものができる！

いっけぬぬ!?

で 以前教わったような気がするけど整流素子って一体…!? うん	復習すると… 電流の流し方を変えることによって電流の流れやすい方向と流れにくい方向を作りだすことなんだ **交流を直流にしたりね！**

そんなことができるんですか？
なんかすごそうですね！

あとはラジオとかの放送電波から音声信号を取りだす場合などにも利用されている

最近の家電製品にはほとんど半導体部品が入っているが

その部分を動作させるためには直流電源が必要になる！

そんなところにも使われているんですね！

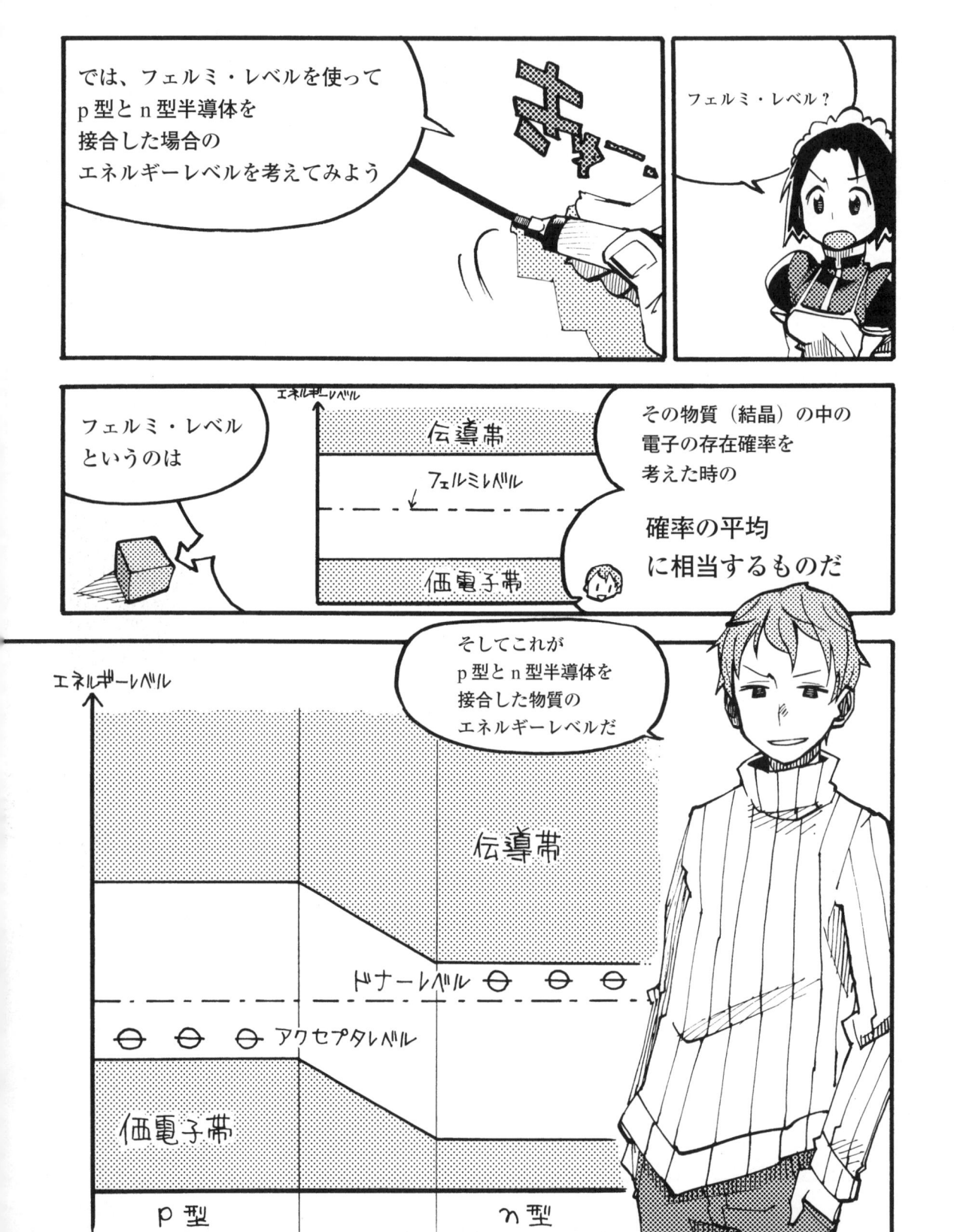

では、フェルミ・レベルを使ってp型とn型半導体を接合した場合のエネルギーレベルを考えてみよう

フェルミ・レベル？

フェルミ・レベルというのは、その物質（結晶）の中の電子の存在確率を考えた時の**確率の平均**に相当するものだ

そしてこれがp型とn型半導体を接合した物質のエネルギーレベルだ

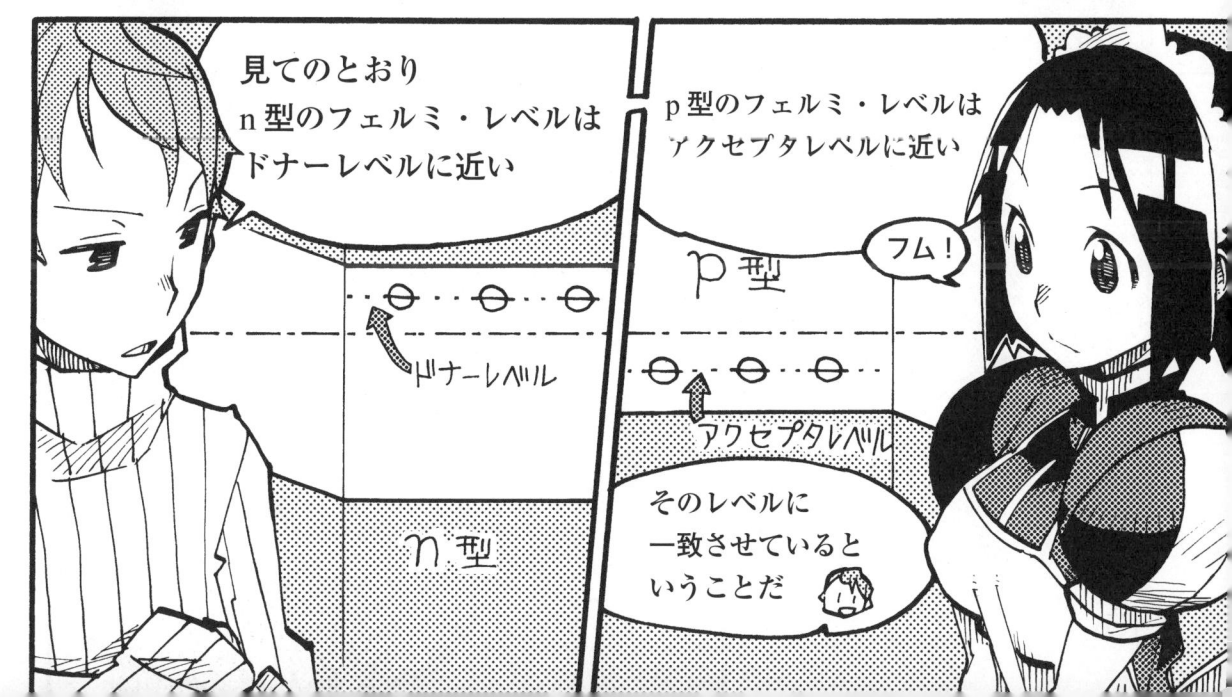

どうしてフェルミ・レベルを同じエネルギーの高さに書いているんですか？

(E_F) フェルミ・レベル

p型 n型

電気をp型n型のどちらにも加えず熱的に同じ温度でつながっている（平衡状態）とすると…

P Si Si B

熱平衡状態

すると？

フェルミ・レベルは一致しなければならない…という理由からだ！

熱平衡状態だから電子の存在確率が一致しないといけないっていうこと!?

そう！

見てのとおりn型のフェルミ・レベルはドナーレベルに近い

p型のフェルミ・レベルはアクセプタレベルに近い

フム！

p型

ドナーレベル

アクセプタレベル

n型

そのレベルに一致させているということだ

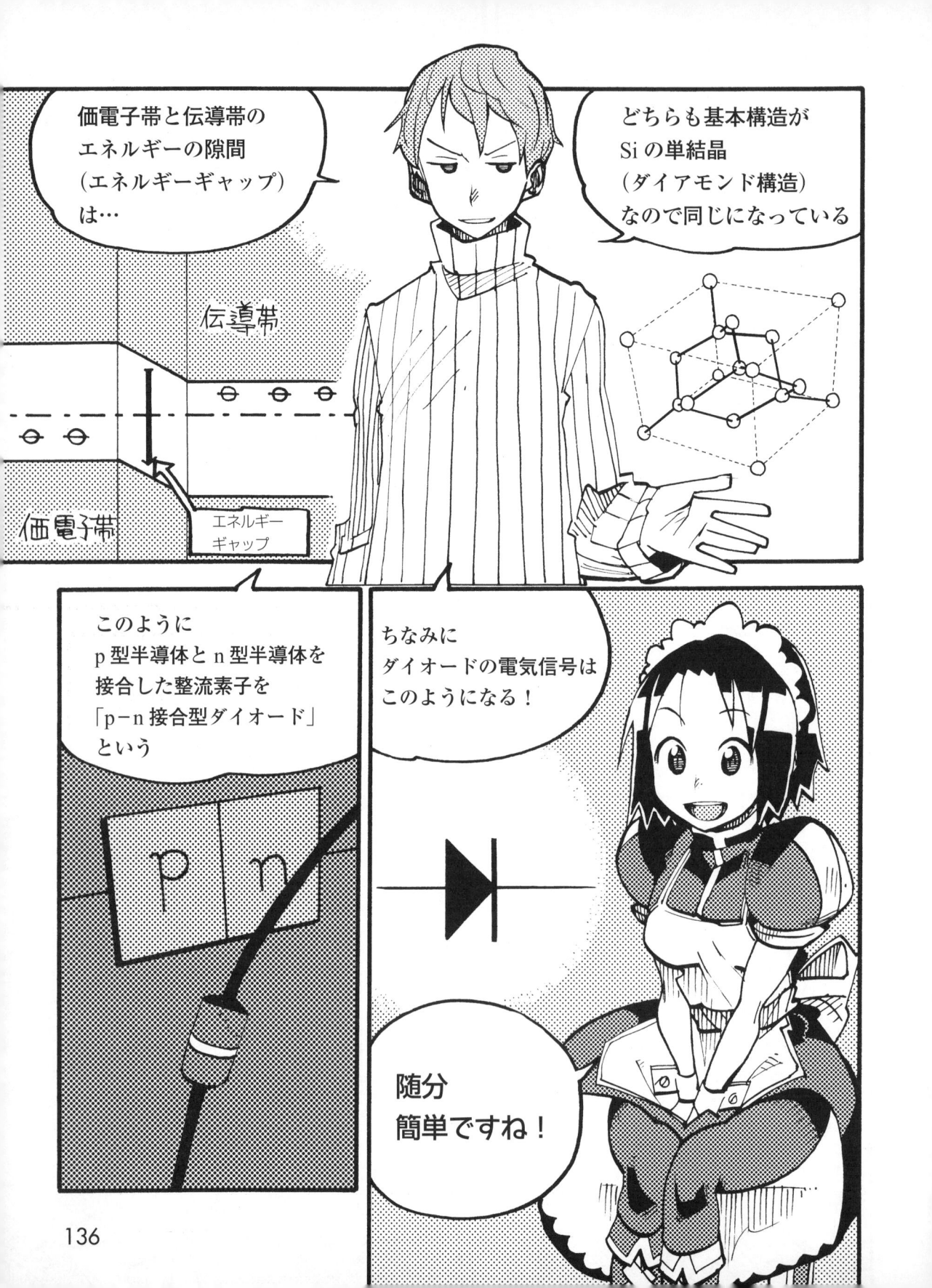

価電子帯と伝導帯の
エネルギーの隙間
（エネルギーギャップ）
は…

どちらも基本構造が
Siの単結晶
（ダイアモンド構造）
なので同じになっている

伝導帯

価電子帯

エネルギー
ギャップ

このように
p型半導体とn型半導体を
接合した整流素子を
「p-n接合型ダイオード」
という

ちなみに
ダイオードの電気信号は
このようになる！

随分
簡単ですね！

ここで
p型のほうに
電池の＋極を

n型のほうには
－極を接続
してみよう！

マイナスの電荷をもつ
電子の立場からすると
電圧がプラスになる
というのは
エネルギーが下がる
ということだ…

なのでこの場合
＋側のp型半導体の
フェルミ・レベルが
－側のn型半導体
よりも下がる！

下がる

p型　　n型

下がった!!

そして同じように
n型半導体の価電子帯の
エネルギーレベルも
下がる

下がったことにより
p型半導体の価電子帯の
エネルギーレベルに
近づく！

ま…まさか…じゃあ
同じようにp型の伝導帯の
エネルギーレベルも？

下がる

p型　　　　n型

ああ！
下がる！

第6章　不純物半導体の応用、ダイオードとトランジスタ　　137

エネルギーレベル

下がる

p型半導体の
伝導帯のエネルギーレベルが
フェルミ・レベル
価電子帯エネルギーレベル
と同じだけ下がる！

全部下がった！

こっちがp型のほうに
＋の電圧を加える前

こっちが＋の電圧を
加えている状態だ！

平らになって
きました！

なんだか
p型とn型が
近くなりました！

うん

p型とn型の
伝導帯と価電子帯の差が
少なくなるということは

電子の通り道にある
壁が低くなる
ということ！

電流が流れやすく
なるということだ！

ここでいう壁とはp型とn型の間の接合部分のことで坂と考えていい…

互いの伝導帯のエネルギーレベルの差が大きいとその坂も急になり電子が行き来しづらい

しかしp型に＋の電圧をかけるとp型の伝導帯のエネルギーレベルは下がり…壁（坂）は低くなる

下がる！

電子が通りやすくなるということだ

次は正孔（ホール）から見てみよう

ホールは＋で電子とは逆の電荷なので図でいえば下にいくほどそのエネルギーは高い

電流を流す粒子として電子を考えてきたけどそれはn型からの流れだけなんだ

ではp型は一体？

第6章 不純物半導体の応用、ダイオードとトランジスタ

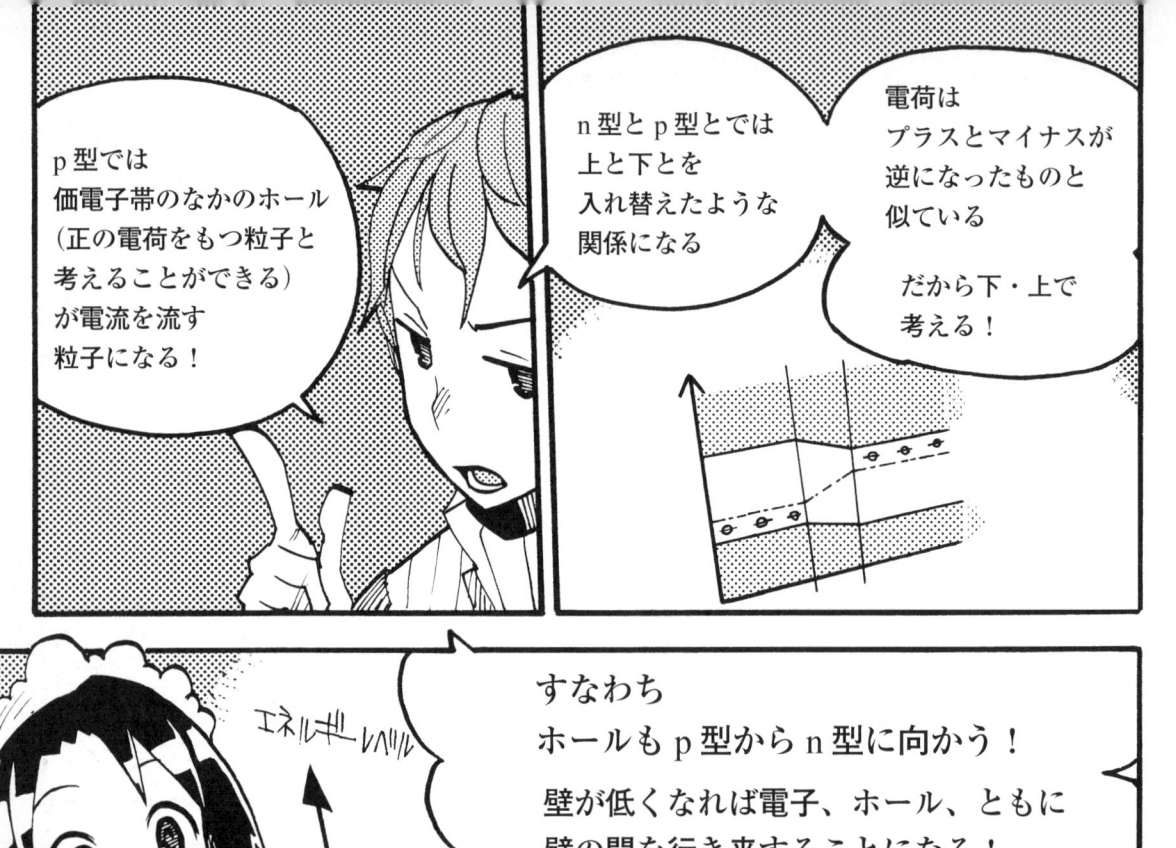

p型では価電子帯のなかのホール（正の電荷をもつ粒子と考えることができる）が電流を流す粒子になる！

n型とp型とでは上と下とを入れ替えたような関係になる

電荷はプラスとマイナスが逆になったものと似ている

だから下・上で考える！

すなわち
ホールもp型からn型に向かう！
壁が低くなれば電子、ホール、ともに壁の間を行き来することになる！

ラクチンですね！

エネルギーレベル

やっぱー

カベ

カベ

伝導帯

p型

わーい

価電子帯

n型

電子とホールの流れはダイオードの電流になる

$$I = I_0(e^{aV} - 1)$$
（逆方向に電圧を加えると）
$V \to -\infty$ となり
$I \to -I_0$ で飽和

その電流の電圧依存性は量子力学的考察からこのような式で表され指数関数になっている

…

詳細はさらに高度な半導体物性の書籍を見ればわかる！

まぁここは結果だけで十分だろう！

うしろにたっぷりとあるだろ？

…

また今度チャレンジします…

うん！

でも式にある I_0 ってのはなんなんでしょうか？

$$I = I_0(e^{aV} - 1)$$

⇦電圧
⇧電流
?

I_0 はダイオードの逆方向飽和電流

固有の定数

$$I_0(e^{aV} - 1)$$

逆方向飽和電流

ちなみに a は半導体材料によって決まる固有の定数だ

フム！

式の I と V の関係性を図で表すとこうなる

入門書では
ダイオードの順方向
（電流が流れやすい方）
の特性から
順方向降下電圧（V_f）
で説明したりする

順方向降下電圧
ですか？

その説明では
ダイオードの持つ
順方向電圧・電流（V-I）特性から
電流の大きくなる部分を見て

$I = I_0 (e^{aV} - 1)$
の式の曲線が
直線に見えるところに
接線を引くと

その接線と（V）軸との交点を
「順方向降下電圧」
と説明している

$I = I_0(e^{aV} - 1)$

ここだな！

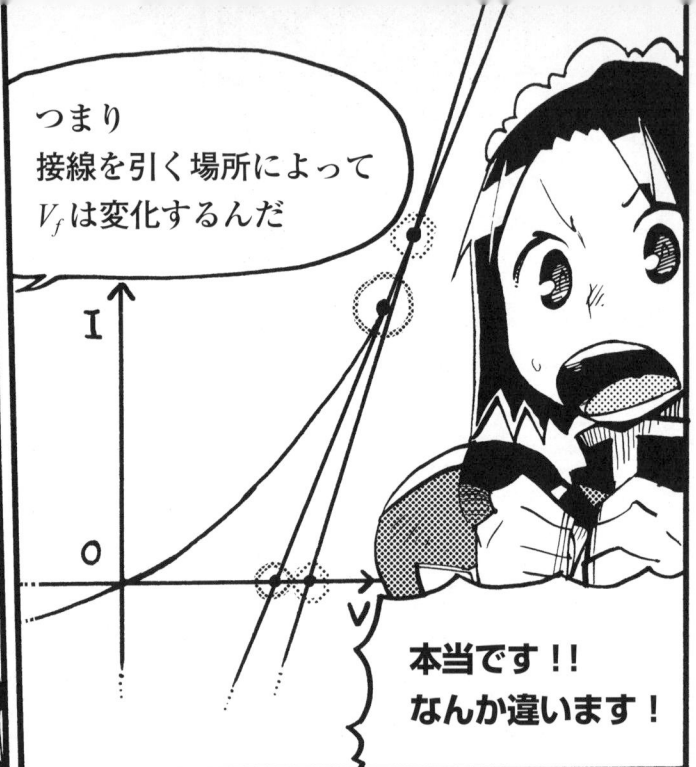

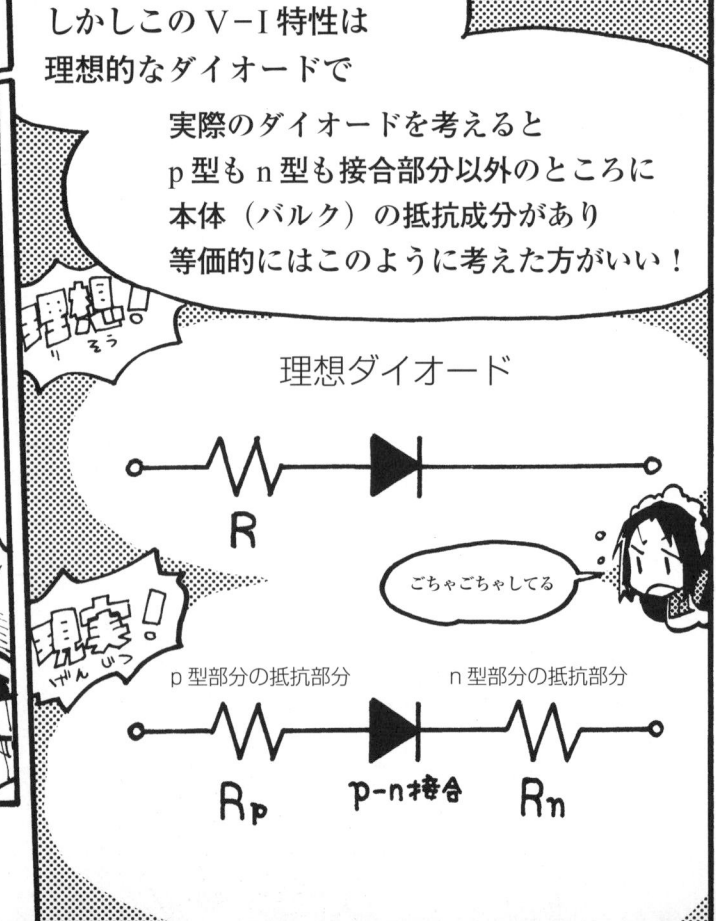

しかし
さっき示したとおり
このV-I特性は
どこまでいっても
直線にはならない
曲線だ！

つまり
接線を引く場所によって
V_fは変化するんだ

本当です！！
なんか違います！

一般的には
シリコンの接合型ダイオード
でのV_fの値は
0.6V〜0.8V くらい
なんだ

0.6V
〜
0.8V

しかしこのV-I特性は
理想的なダイオードで

実際のダイオードを考えると
p型もn型も接合部分以外のところに
本体（バルク）の抵抗成分があり
等価的にはこのように考えた方がいい！

理想ダイオード

理想！

現実！

p型部分の抵抗部分　　　n型部分の抵抗部分

R_p　　p-n接合　　R_n

ごちゃごちゃしてる

抵抗成分を考慮すると
V-I特性はこうなる！

電子回路の設計では
ある電流を流した時の
ダイオードの電圧低下を
V_f と考える

理想よりも
電流が
減っている？

電流が制限される結果
電流の大きな領域では
グラフで示すように

電流と電圧の関係が
直線的に変化する
領域がある

理想的なダイオードが
電圧の上昇に併って
電流を指数関数的に
流そうとしても…

現実では
バルクの抵抗成分
で電流が制限
されるんだ

ただ

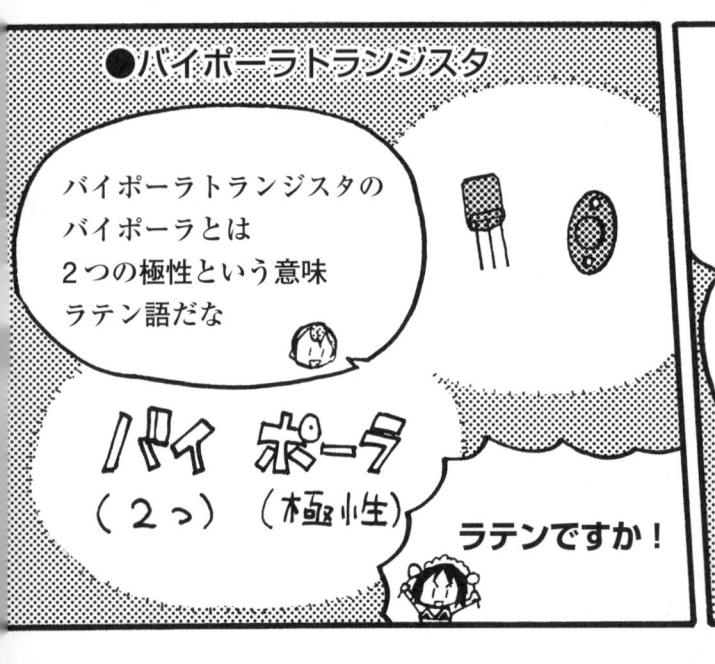

直線領域から接線を引いてV_fを求めたってその値はあまり重要にはならない

その値で電子部品としての特性を議論したって意味もないだろうし

最も大切なのはV-I特性そのものだからね

なるほど

2 トランジスタ

ダイオードの次はトランジスタだ！トランジスタには構造的な違いでこの2種類がある

● 「バイポーラトランジスタ」

● 「FET」
(Field Effect Transistor)
電界効果トランジスタ

● バイポーラトランジスタ

バイポーラトランジスタのバイポーラとは2つの極性という意味 ラテン語だな

バイ（2つ） ポーラ（極性）

ラテンですか！

2つの極性というのはn型とp型それぞれの電流を運ぶ要素の電子（マイナス）とホール（プラス）がトランジスタ動作を実現しようという発想からだ

では
バイポーラ・トランジスタの
基本構造化から
説明するぞ！

このトランジスタの構造は
一つの素子の中に
pn接合が2ヶ所
作られている

pnp型トランジスタ　　npn型トランジスタ

ん？

E？
C？
B？

E＝エミッタ
C＝コレクタ
B＝ベース
3本の電極だ

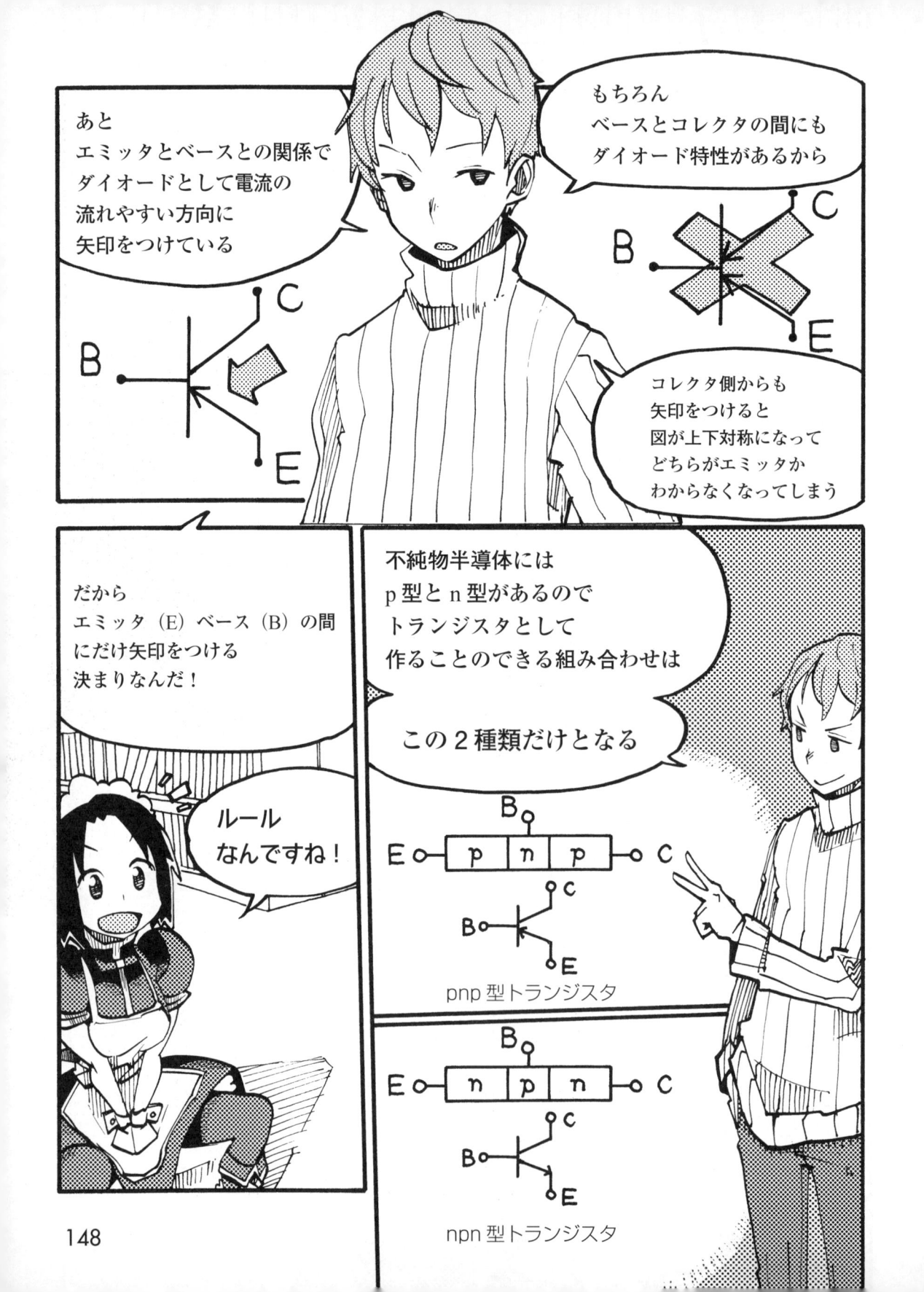

あと
エミッタとベースとの関係で
ダイオードとして電流の
流れやすい方向に
矢印をつけている

もちろん
ベースとコレクタの間にも
ダイオード特性があるから

コレクタ側からも
矢印をつけると
図が上下対称になって
どちらがエミッタか
わからなくなってしまう

だから
エミッタ（E）ベース（B）の間
にだけ矢印をつける
決まりなんだ！

ルール
なんですね！

不純物半導体には
p型とn型があるので
トランジスタとして
作ることのできる組み合わせは

この2種類だけとなる

pnp型トランジスタ

npn型トランジスタ

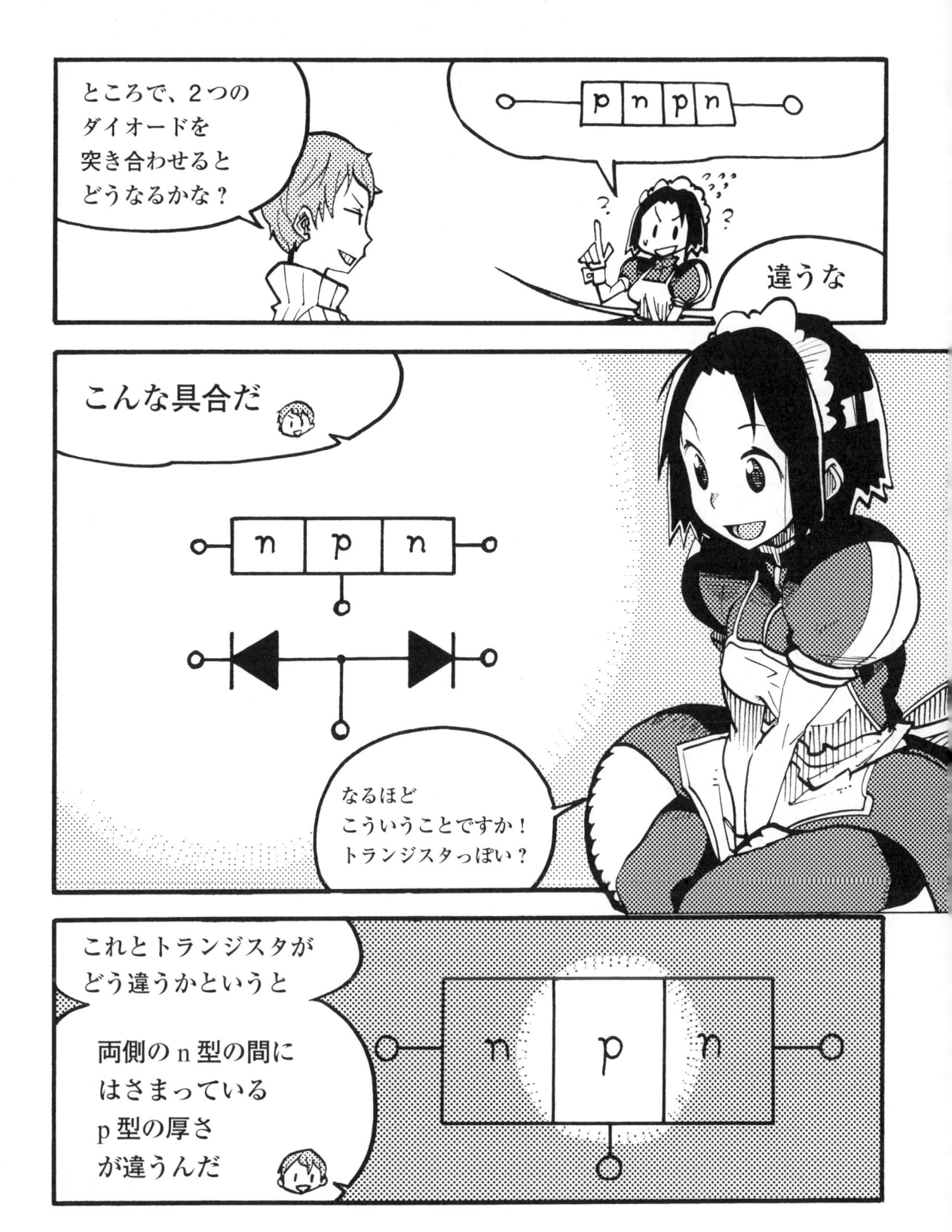

ところで、2つのダイオードを突き合わせるとどうなるかな？

p n p n

違うな

こんな具合だ

n p n

なるほどこういうことですか！トランジスタっぽい？

これとトランジスタがどう違うかというと

両側のn型の間にはさまっているp型の厚さが違うんだ

n p n

一つのpn接合だけ見れば
トランジスタもダイオードと
変わらない…が！

2つの接合が
1ミクロンオーダーになった時！
ダイオードを突き合わせただけの
ものとはまったく違う
振る舞いを見せる！！

爆発ですか！？

危なくて
使えるか！！

トランジスタを
このように電源に
つなぐだろ？

それから
ベースからエミッタに
流れる電流（I_B）を
少しずつ増せば…！！
なんと！

電流

こんなグラフに
なってしまうんだ！

このグラフは
静特性と
いうぞ！！

これなんか
すごいのですか？

すごい！！
すごいよ！！

I_C
1A
0.5A

I_B大
$I_B = 10 mA$
$I_B = 2 mA$
$100 V_0$ V_C

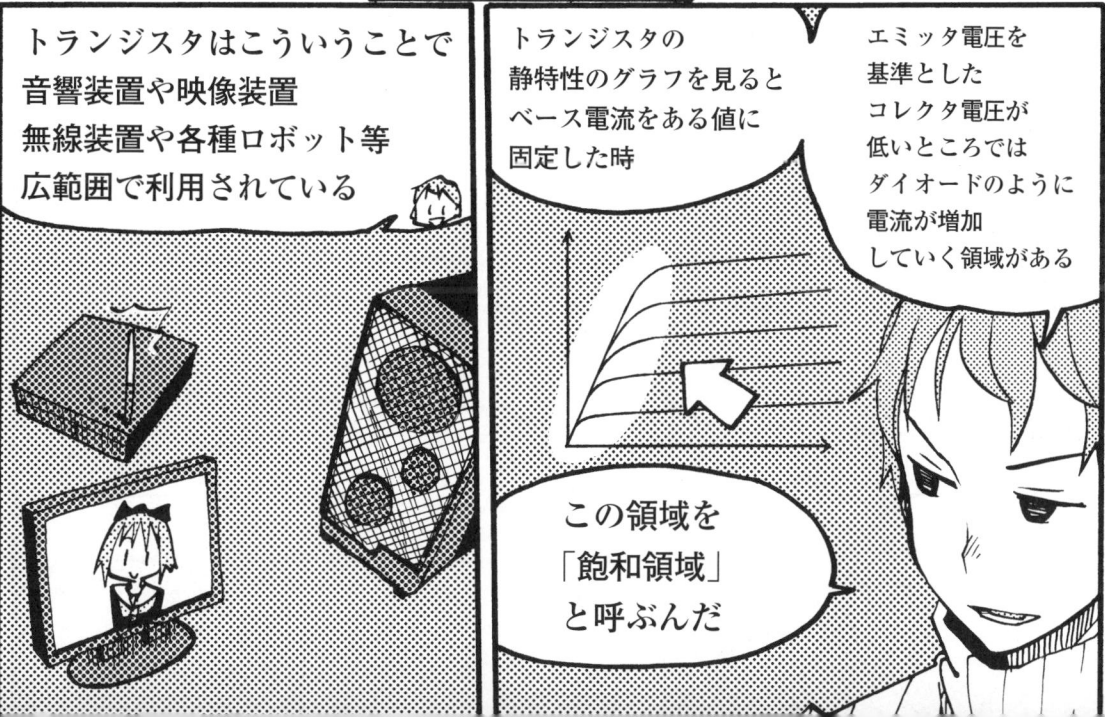

つまりこのグラフはコレクタ電圧をある程度大きくするとコレクタ電流がほぼ一定になる！ってことを示す！

そのベース電流の約100倍の電流がコレクタに流れているということなんだ！

B×100 ⇒ C

100倍…え!?すごすぎる…！！！

なお

ベース電流とコレクタ電流の比率は"直流電流増幅率"と呼ばれている！

記号ね

h_{FE}

すごさ伝わってよかった…

トランジスタはこういうことで音響装置や映像装置無線装置や各種ロボット等広範囲で利用されている

トランジスタの静特性のグラフを見るとベース電流をある値に固定した時

エミッタ電圧を基準としたコレクタ電圧が低いところではダイオードのように電流が増加していく領域がある

この領域を「飽和領域」と呼ぶんだ

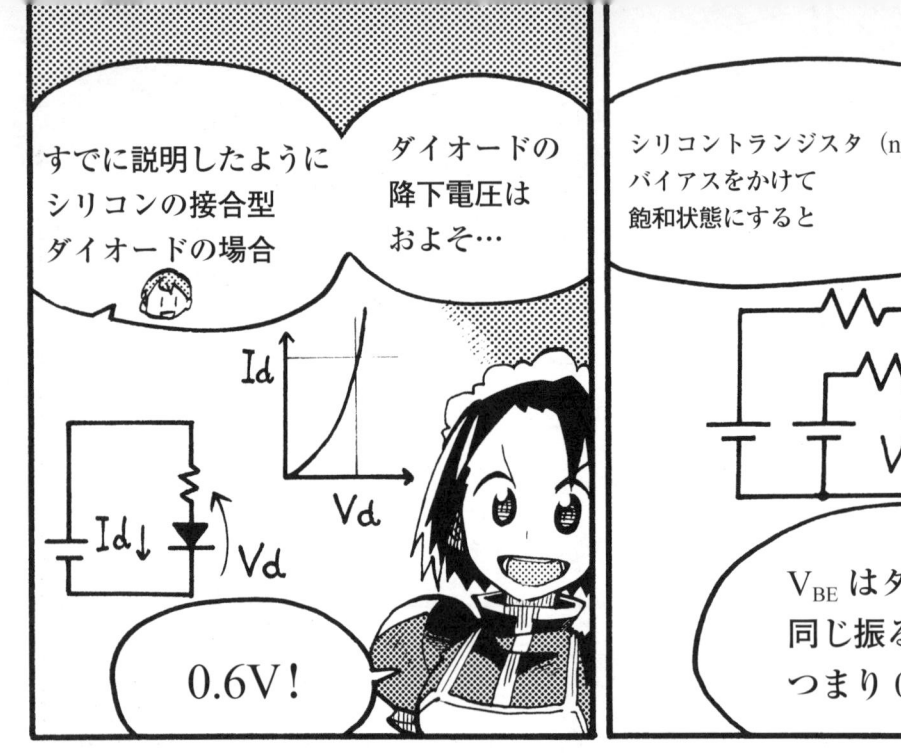

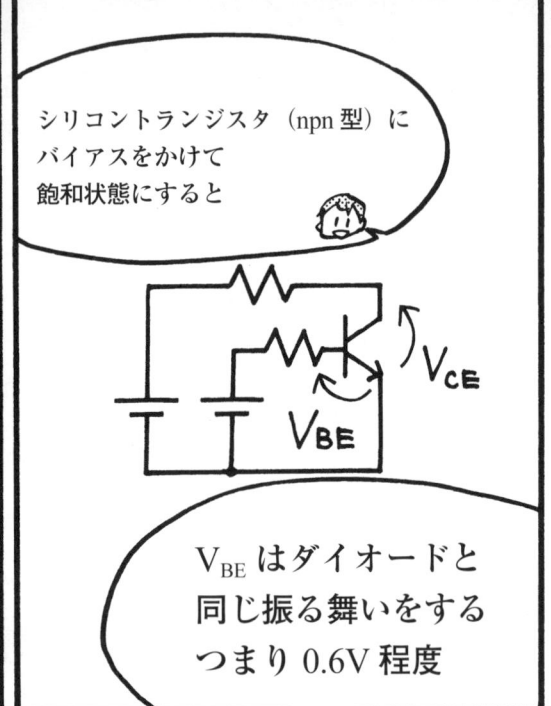

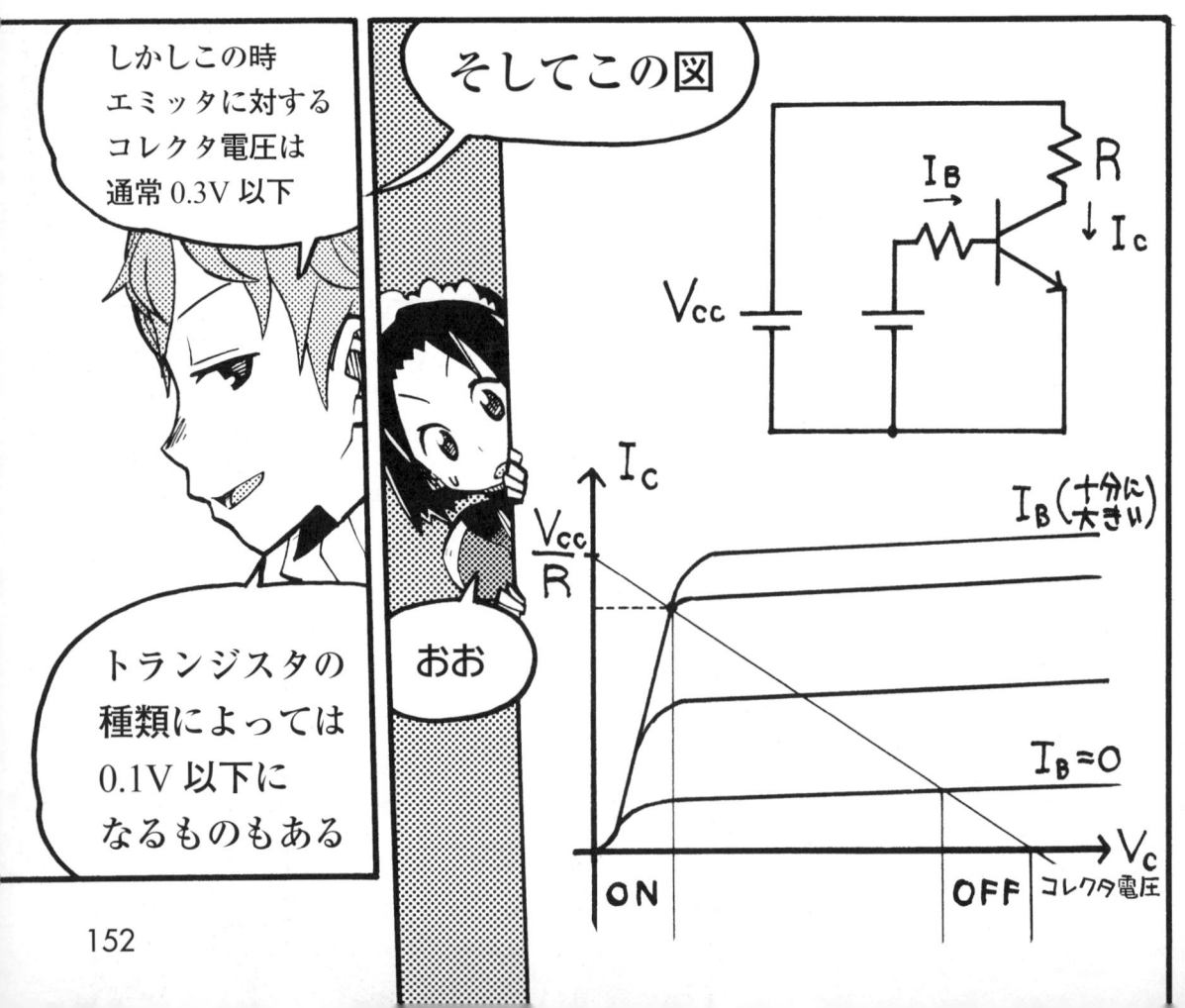

すでに説明したようにシリコンの接合型ダイオードの場合 ダイオードの降下電圧はおよそ…

0.6V！

シリコントランジスタ（npn型）にバイアスをかけて飽和状態にすると

V_{BE} はダイオードと同じ振る舞いをする つまり 0.6V 程度

しかしこの時エミッタに対するコレクタ電圧は通常 0.3V 以下

トランジスタの種類によっては 0.1V 以下になるものもある

そしてこの図

おお

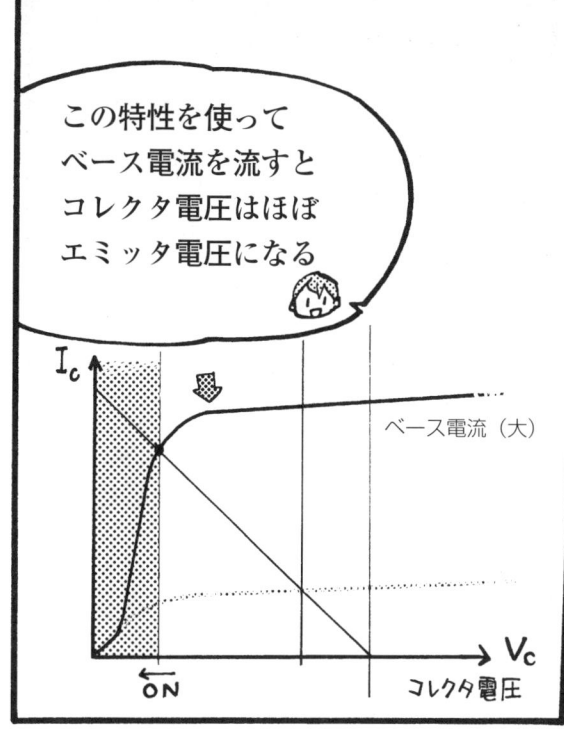

この特性を使って
ベース電流を流すと
コレクタ電圧はほぼ
エミッタ電圧になる

ベース電流を流さないと
ほぼ電源電圧になる

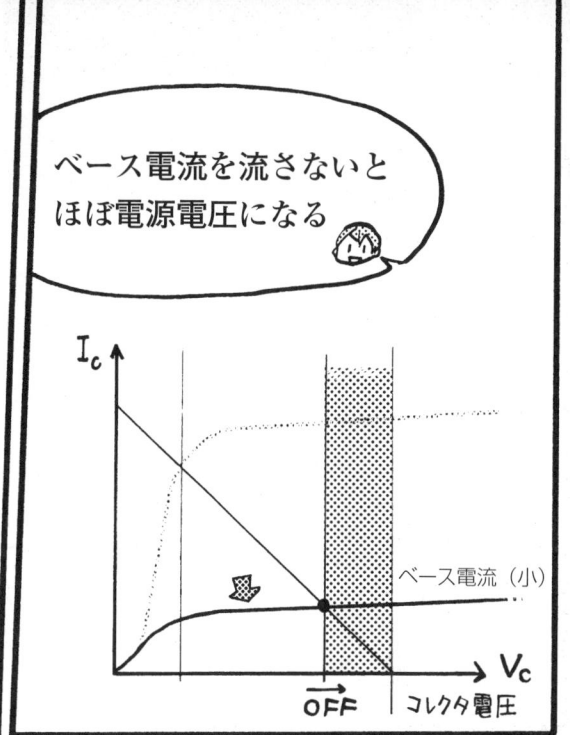

つまりベース電流で
トランジスタのON・OFFを
切り替えることができる！
この動作は
デジタル回路の
基本になる！

すごいです！

ここまでnpn型で
説明してきたが
pnp型でも基本的
には同じだ
ただ電源の極性
（＋と－）を逆にすると

バイポーラ・トランジスタは
増幅動作にも
スイッチ動作にも
使える素子であること
がわかっただろ？

ハイ！

● FET（電界効果トランジスタ）

まずこの構造図を見てほしい

次にp型とn型の不純物半導体を使ってバイポーラトランジスタとは別の構造の増幅素子を示そう！

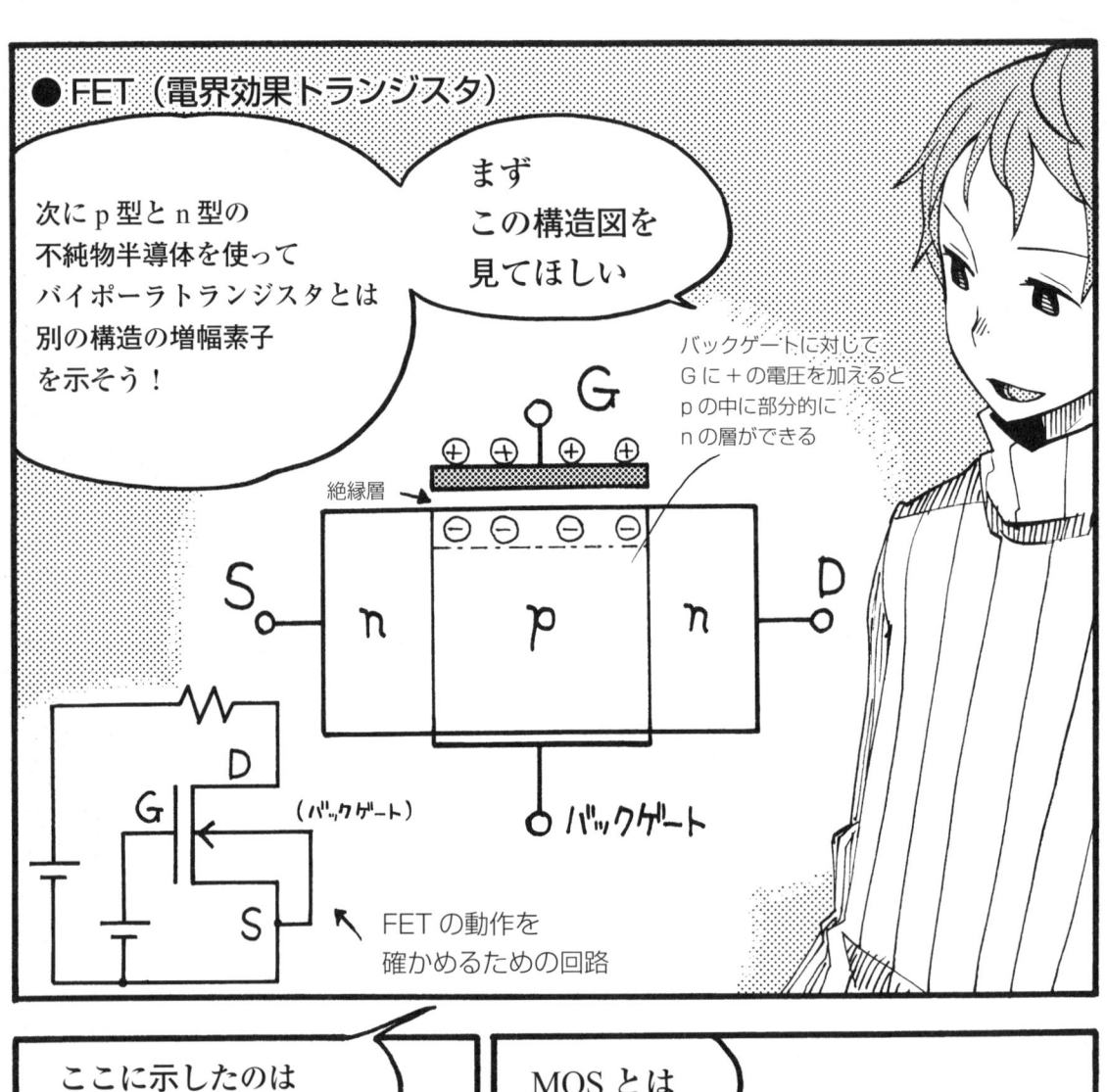

バックゲートに対してGに＋の電圧を加えるとpの中に部分的にnの層ができる

絶縁層

G / S / D / バックゲート

（バックゲート）

↑ FETの動作を確かめるための回路

ここに示したのはMOS型のFETだ

ジャンクション型と呼ばれるものもあるけどね

MOS？

MOSとは

Metal（金属）
Oxide（酸化物）
Semiconductor（半導体）

の略なんだ

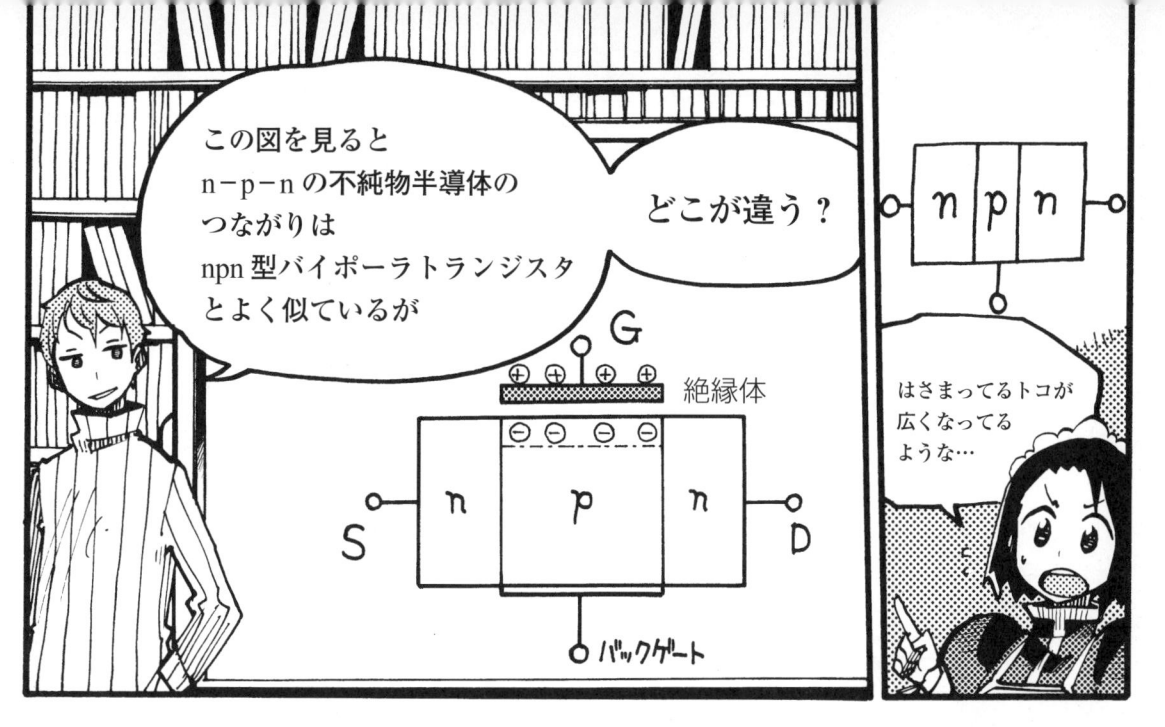

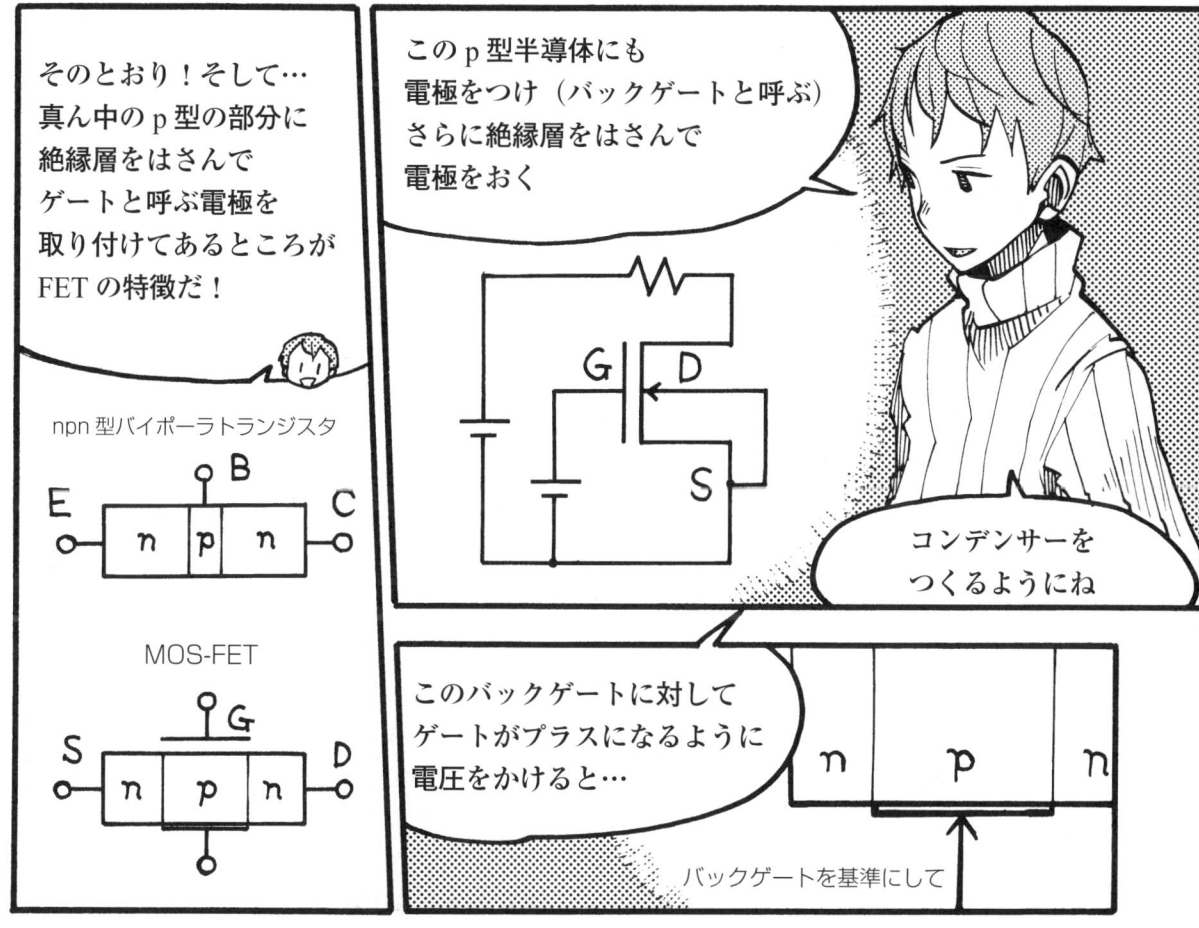

この図を見ると
n-p-nの不純物半導体の
つながりは
npn型バイポーラトランジスタ
とよく似ているが

どこが違う？

はさまってるトコが
広くなってる
ような…

そのとおり！そして…
真ん中のp型の部分に
絶縁層をはさんで
ゲートと呼ぶ電極を
取り付けてあるところが
FETの特徴だ！

npn型バイポーラトランジスタ

MOS-FET

このp型半導体にも
電極をつけ（バックゲートと呼ぶ）
さらに絶縁層をはさんで
電極をおく

コンデンサーを
つくるようにね

このバックゲートに対して
ゲートがプラスになるように
電圧をかけると…

バックゲートを基準にして

第6章　不純物半導体の応用、ダイオードとトランジスタ　155

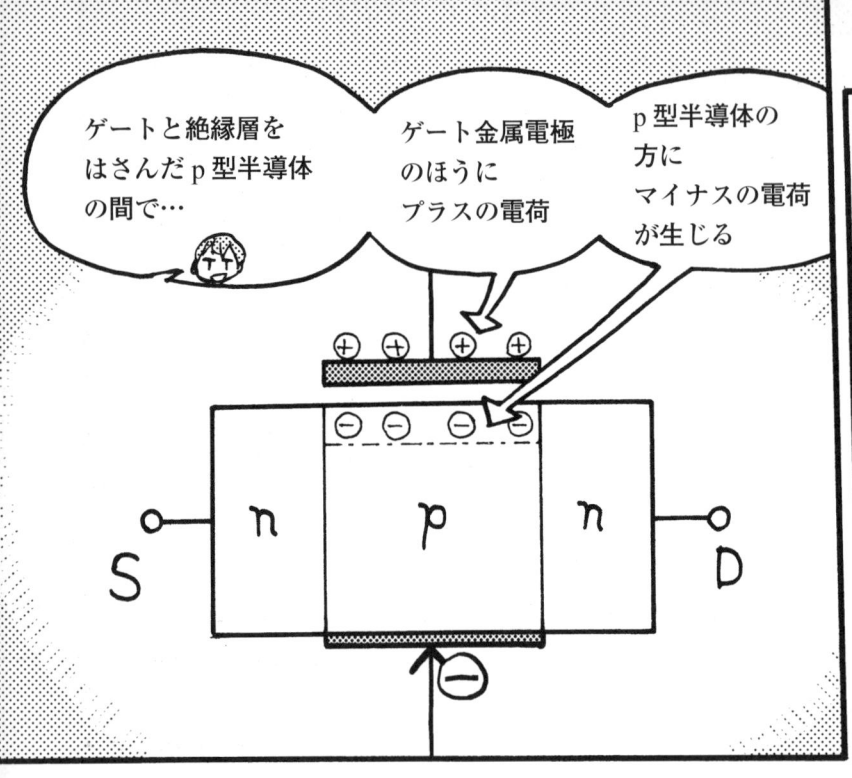

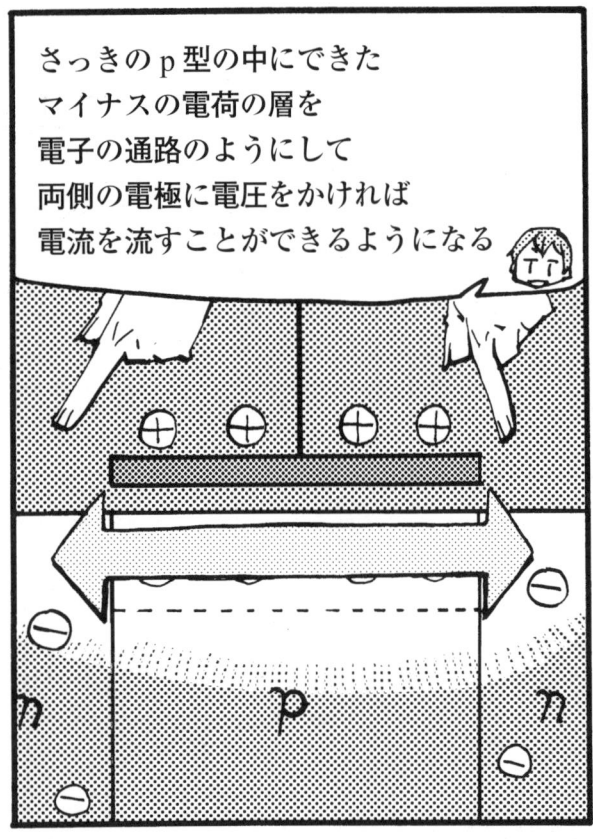

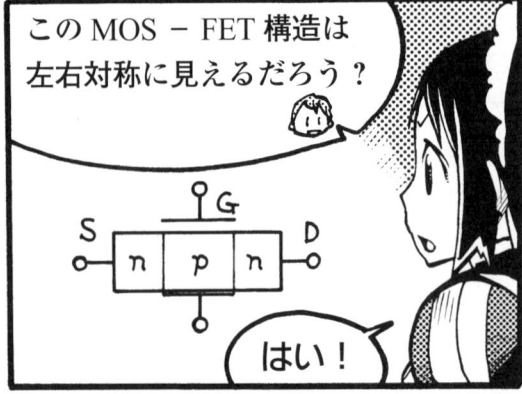

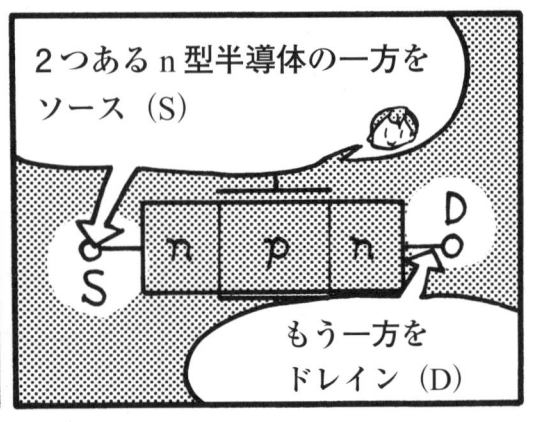

ゲートと絶縁層をはさんだp型半導体の間で…

ゲート金属電極のほうにプラスの電荷

p型半導体の方にマイナスの電荷が生じる

このサンドイッチ構造の両側のn型半導体はマイナスの電荷を流しやすい性質だ

さっきのp型の中にできたマイナスの電荷の層を電子の通路のようにして両側の電極に電圧をかければ電流を流すことができるようになる

このMOS−FET構造は左右対称に見えるだろう？

はい！

2つあるn型半導体の一方をソース（S）

もう一方をドレイン（D）

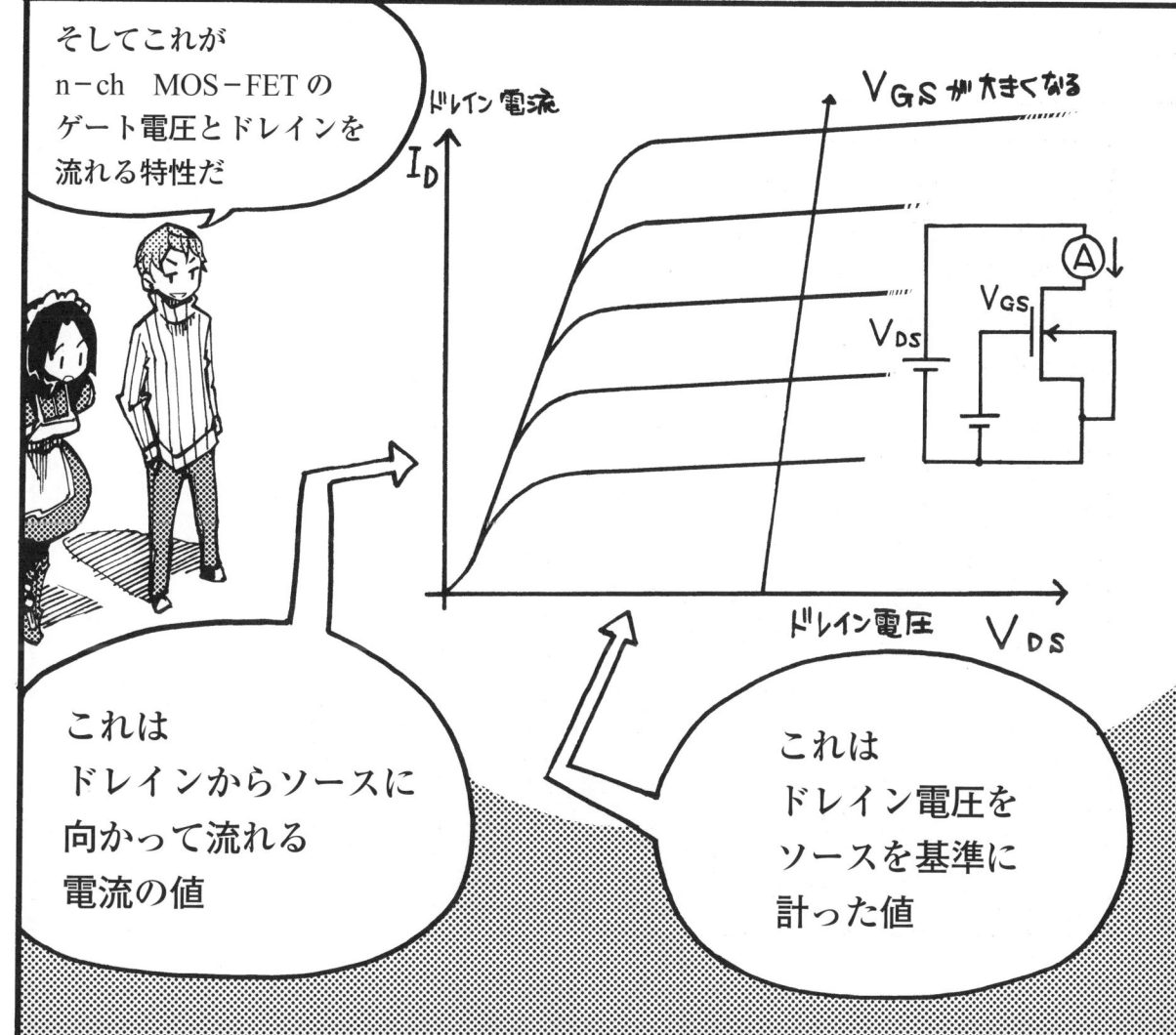

この時
p型半導体の中に
形成される電子の通路は
チャネルと呼ばれ

この場合
チャネルがn型を
つなぐ役目を果たすのが

「n-ch MOS-FET」
という

そしてこれが
n-ch MOS-FETの
ゲート電圧とドレインを
流れる特性だ

ドレイン電流 I_D

V_{GS}が大きくなる

V_{DS}

V_{GS}

ドレイン電圧 V_{DS}

これは
ドレインからソースに
向かって流れる
電流の値

これは
ドレイン電圧を
ソースを基準に
計った値

チャネルの電流は
ゲートの電圧に
依存している
ということですか？

ゲートの電圧を加えることで
チャネルに電流を流し…

ゲートの電圧を0にすることで
チャネルの電流を切る
ことができる

そのとおり

この動作は
ゲートの電圧で
FETをスイッチとして
利用できることを
示しているんだ

ん？

この図もその性質も
バイポーラトランジスタと
似てる気がしたんですが…

…

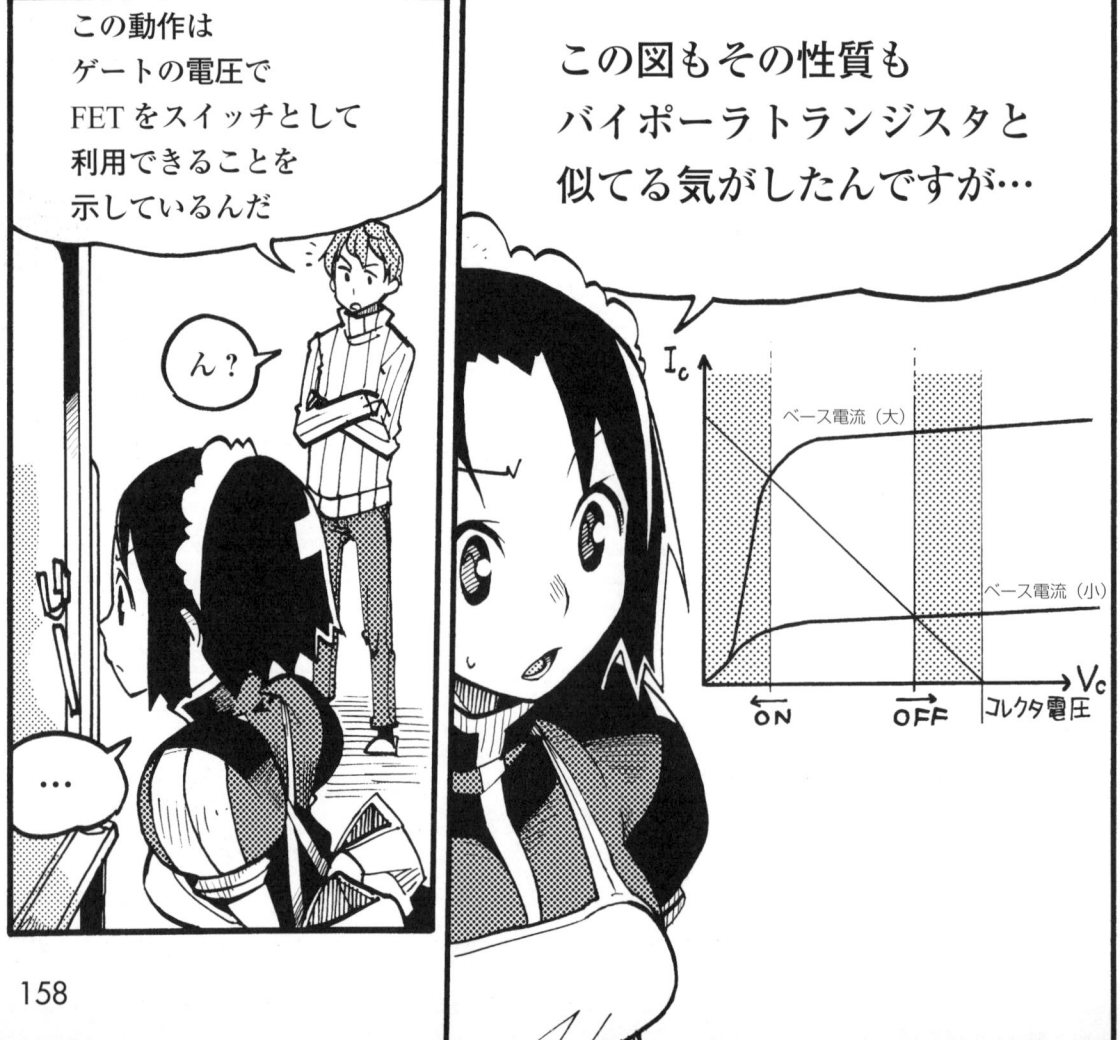

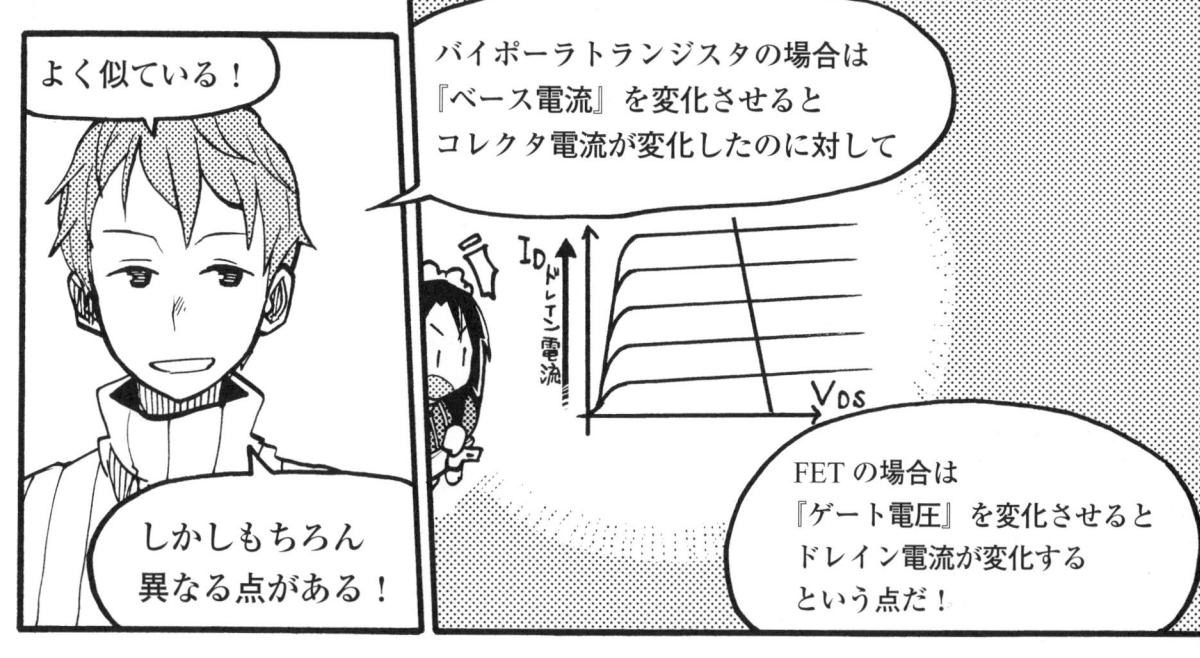

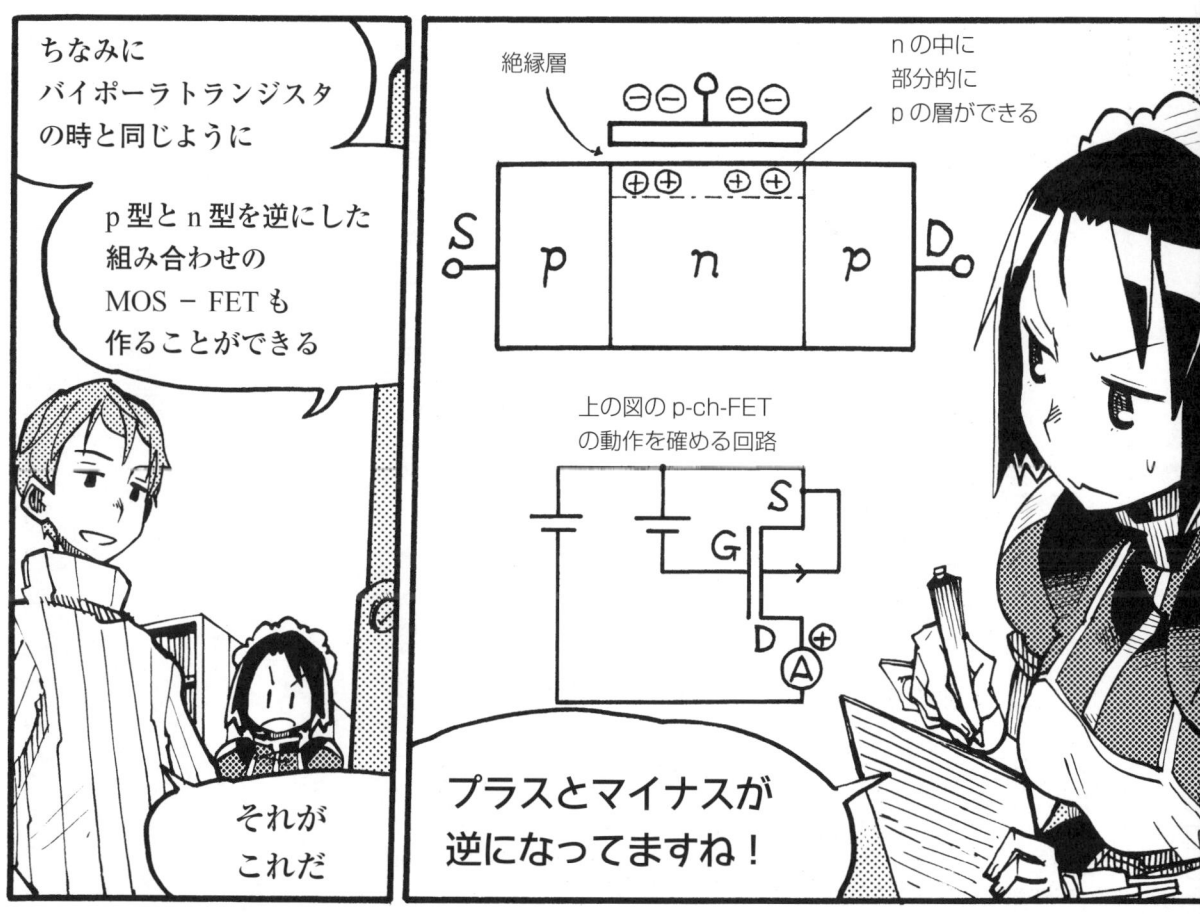

よく似ている！

バイポーラトランジスタの場合は
『ベース電流』を変化させると
コレクタ電流が変化したのに対して

I_D ドレイン電流

V_{DS}

しかしもちろん異なる点がある！

FETの場合は
『ゲート電圧』を変化させると
ドレイン電流が変化する
という点だ！

ちなみに
バイポーラトランジスタ
の時と同じように

p型とn型を逆にした
組み合わせの
MOS-FETも
作ることができる

それがこれだ

絶縁層

nの中に
部分的に
pの層ができる

S p n p D

上の図のp-ch-FET
の動作を確める回路

S
G
D

プラスとマイナスが
逆になってますね！

第6章　不純物半導体の応用、ダイオードとトランジスタ　　159

このような構造の
FET を

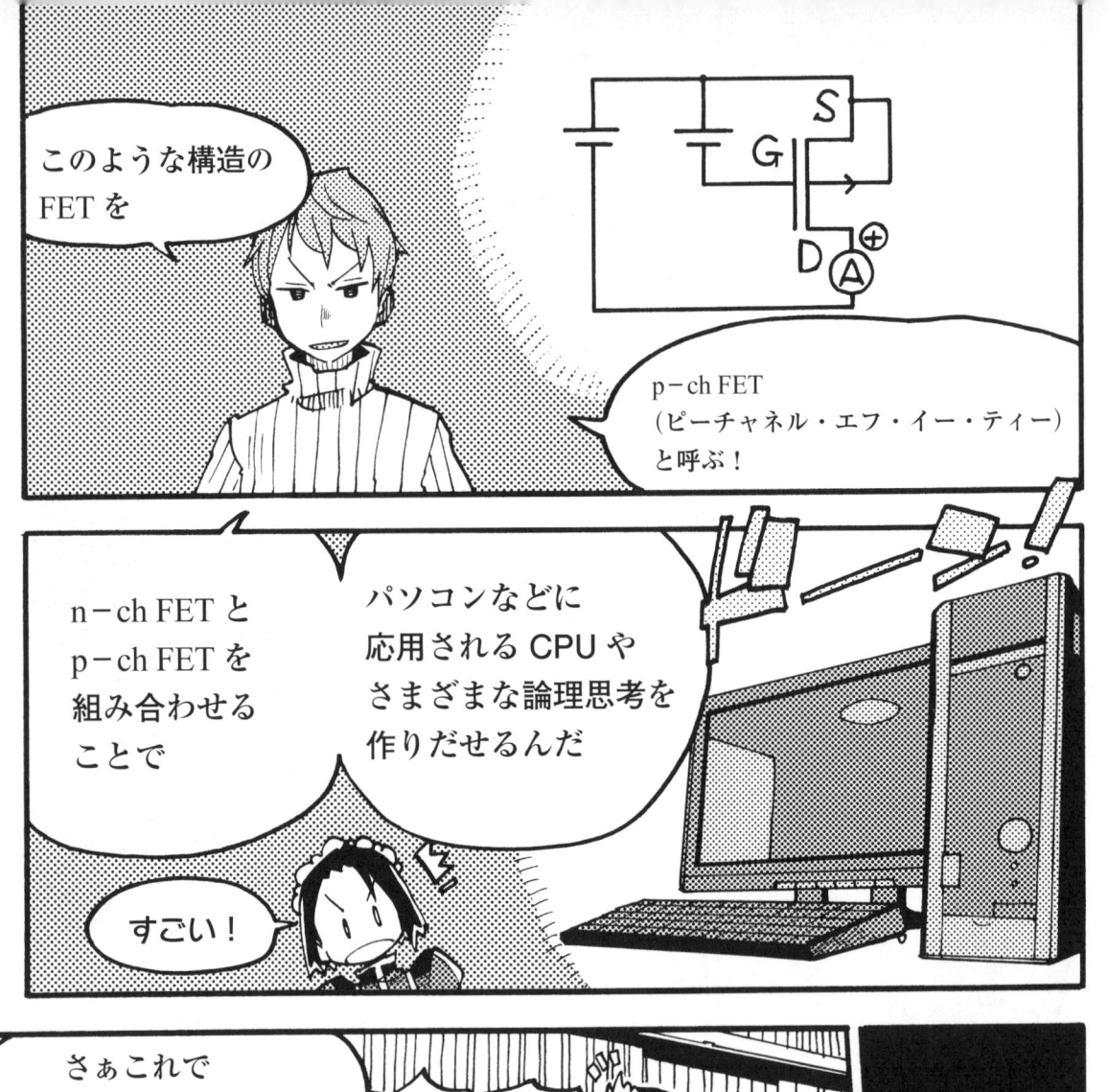

p-ch FET
（ピーチャネル・エフ・イー・ティー）
と呼ぶ！

n-ch FET と
p-ch FET を
組み合わせる
ことで

パソコンなどに
応用される CPU や
さまざまな論理思考を
作りだせるんだ

すごい！

さぁこれで
ひととおり
基礎は終わった

半導体
マスター！？

で…

いや…
基礎だから

いきなり親父の話!?

ところでプレゼントの箱…まだ開けてないよな

なんで?

そんなことよりお父さんと仲直りしてください!

知ってる?

知ってる

ああ

私…実は企業スパイなんです…

ヒドい!ヒドい!!

いやーなんか怪しいし!勝手にココ入るし!

よくわからないから半導体のこと教えて欲しかったんだろ?

バレバレだぞ?

でもスパイだからって
なんで親父の話が
でてくるかが
わからんな…
よかった
スパイの依頼で
最初は本社…
お父上様のトコ
に行ったんです！
しかしそこにいたのは
半導体メーカーの
社長とは思えない
まるで抜け殻の
ような人…
うわ！
奥さまの死と
ユタカ様に
嫌われたのが
よほどショック
だったようです
なっ!?
でも前にあった時
元気だっただろ!?
…
そんな状態では
情報を引き出せない
ので私はひとまず
食べさせようと
思ったんです…
カレーを!!
それしかつくれないし
おー！
!!?

第 6 章　不純物半導体の応用、ダイオードとトランジスタ

あの子もカレーが好きだった…!!! 嫌われている私ではできない…!!
全財産で息子が笑顔になるなら安いものだ!!
ですって！
…
くそっ！あの親父！
嫌うに嫌えねェじゃねェかよ…！
ですって！
やったー！

なんでいるんだよー!!親父!!!

会いたいようという息子の心の声がきこえたような気がしたし…

え!?帰ってきちゃ悪いっけ？

思ってねーくそう!!ムカツク!!

まーまー

ところで

あー大丈夫…メイは極秘ルームまでしか知らないし会社はつぶれねーだろ？

どういうことですソレ!!?

ここはヒミーなのになー

お金がなかったらカレーが作れないからね！

にっこり

だな！

ブッ

ひどいんですけどこの親子！

3 フォローアップ

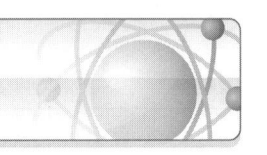

🔹 CPUなどの基本構成要素、論理回路の基本的な構造

　シリコンが今日の半導体産業の中心になったのは、トランジスタを組み合わせた集積回路（IC）が製造できるようになったおかげである。
　テキサス・インスツルメンツ社の創始者のひとりであるジャック・キルビーや、インテル社の創始者のひとりであるロバート・ノイスなどが、ICの特許をとっている。
　ジャック・キルビーは、このアイディアで2000年にノーベル賞を受賞。

　実際には、バイポーラトランジスタでもFETでも、集積回路にすることが可能である。
　また、これらを組み合わせたバイポーラトランジスタとFETを組み合わせたICも製造されている。

　パソコンの頭脳の中心にあたる部分がCPU（中央演算ユニットだけでなく大量のメモリーも集積してある）と呼ばれるICで、アメリカのインテル社やAMD社などが製造している。

　CPUなどに使われるICの製造方法はCMOSと呼ばれる構造で、p-ch FETとn-ch FETを対称に組み合わせることで論理回路を作っている。
　この構造がp-chとn-chとで相補的な動作をす構造であることから「相補的」…（Complementally）MOS-FETを使っているという意味で、CMOSと呼ばれる。

　ここで、CMOS回路の最も基本的な回路構成を例として示す。
　図6-1のように、p-chとn-chを直列につないで、それぞれのドレインをつないだところを出力と考え、それぞれのゲートを共につないだところを、入力と考えてみる。

　すると、入力を電源電圧と同じにすると、p-ch FETはOFF状態になり、n-ch FETはON状態になる。
　ということは、出力は、GNDレベルに近いところになる（出力電流が流れな

い状態では、0V）（図6-2）。

　一方、入力を GND と同じ 0V にすると、p − ch FET は ON 状態になり、n − ch FET は OFF 状態になる。
　ということは、出力は、電源電圧レベルに近いところになる。（出力電流が流れない状態では、電源電圧）（図6-3）。

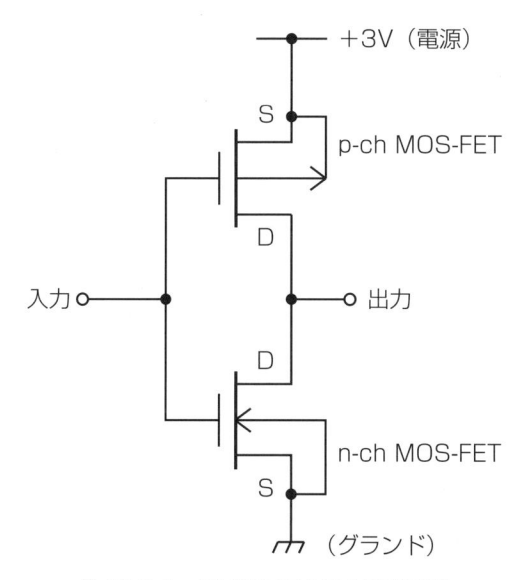

● 図 6-1　CMOS による NOT 回路

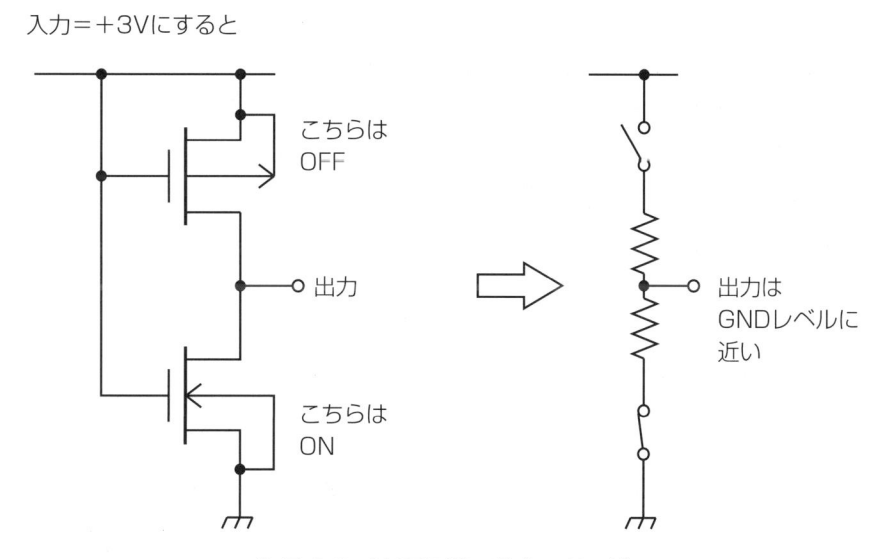

● 図 6-2　NOT 回路で入力＝ H の時

第 6 章　不純物半導体の応用、ダイオードとトランジスタ

入力＝0Vにすると

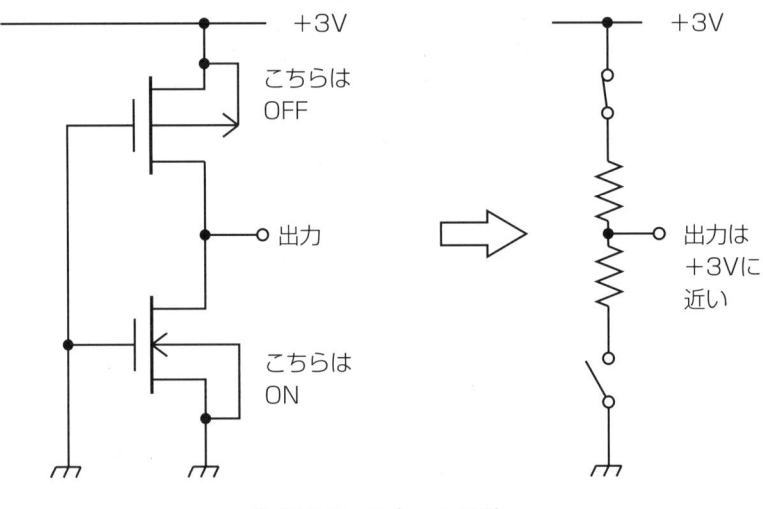

● 図6-3　入力＝Lの時

これからの動作から、入力と出力の関係を論理レベルの"H"と"L"に対応させる
（たとえば3V≡H、GND＝Lと対応させる）。

入力	出力
H	L
L	H

または

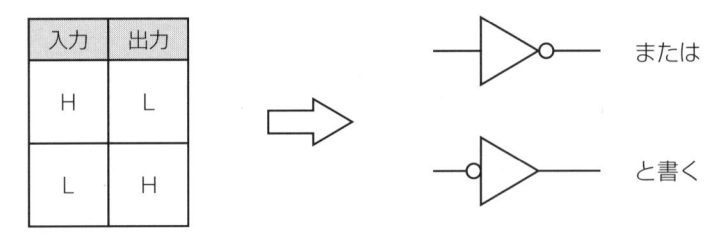

と書く

● 図6-4　NOT回路の記号

これらのことから、入力と出力の関係は「図6-4」のようになる。

すなわち、論理レベルのHとLをこの回路の電源電圧とGNDレベルに置き換えて考えると、入・出力の論理レベルの関係が「反転」している、すなわち逆の関係になっていることがわかる。

この回路は、論理回路でいう「インバータ（反転回路）」という（回路記号は、IEEEやJISでは、現在ここに示した回路記号とは異なる長方形にその論理機能を記述する方法が提唱されているが、一般的な普及の状況を考え、旧来の表記法を採用した）。

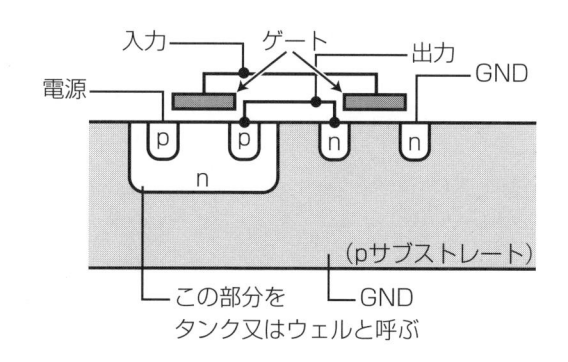

```
        入力 ── ┬─ ゲート ─┬── 出力
     電源 │     │          │        GND
        p  p          n    n
              n
                            （pサブストレート）
       └ この部分を      └ GND
         タンク又はウェルと呼ぶ
```

または

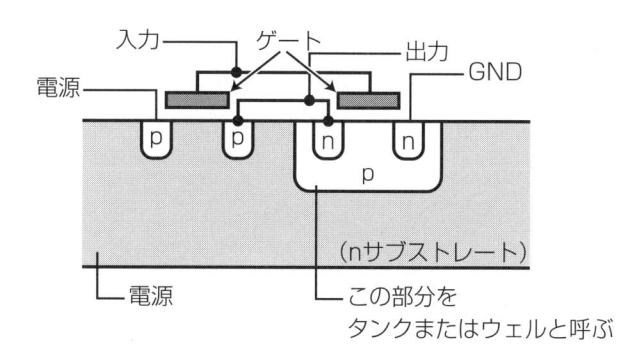

```
        入力 ── ┬─ ゲート ─┬── 出力
     電源 │     │          │        GND
        p  p          n    n
                       p
                            （nサブストレート）
       └ 電源     └ この部分を
                    タンクまたはウェルと呼ぶ
```

● 図 6-5　IC の中の NOT 回路（断面図）

　この図のように、タンク（あるいはウェル）と呼ばれる領域を形成することで、1 種類のシリコンサブストレートから p − ch FET と n − ch FET を共に形成することができる。

　このことが、一つのシリコンの中に、多数のトランジスタを作りこんだ集積回路を作ることを可能にした。

　これまでの、IC の発展の歴史の中ではゲートの長さ（この図ではアミで示した部分の左右の長さ）をいかに短くするか、また、配線部分（この図では簡単な細い線で描いてしまったが…）をいかに細く高密度にするかの技術的、工業的な進歩があった。

　2008 年時点では、約 120mm^2 のなかに、トランジスタ数が約 2 億 9 千万個集積されている。

　さて、インバータだけでは論理回路は作れないので、そのほかの論理回路の基本要素として重要なものは、「AND」と「OR」である。これらを論理レベルで表にすると以下のようになる。合わせて論理記号も書いておく。

第 6 章　不純物半導体の応用、ダイオードとトランジスタ

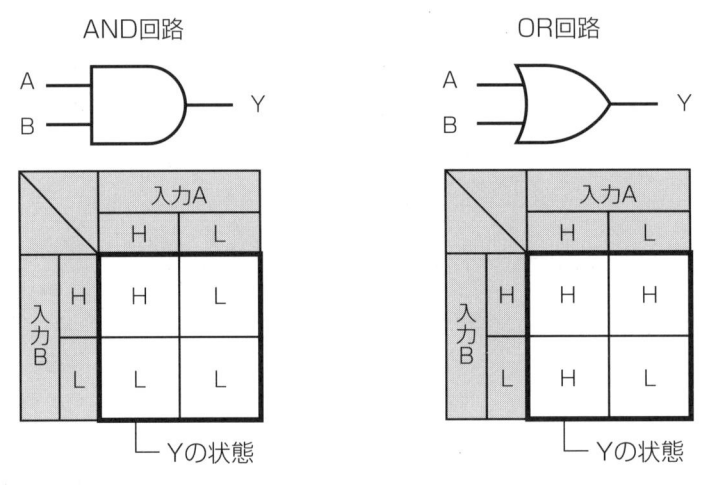

●図 6-6　AND と OR の記号

　CMOS 回路を作る場合、AND と OR の出力を反転した構造の NAND と NOR を作る方が簡単である。

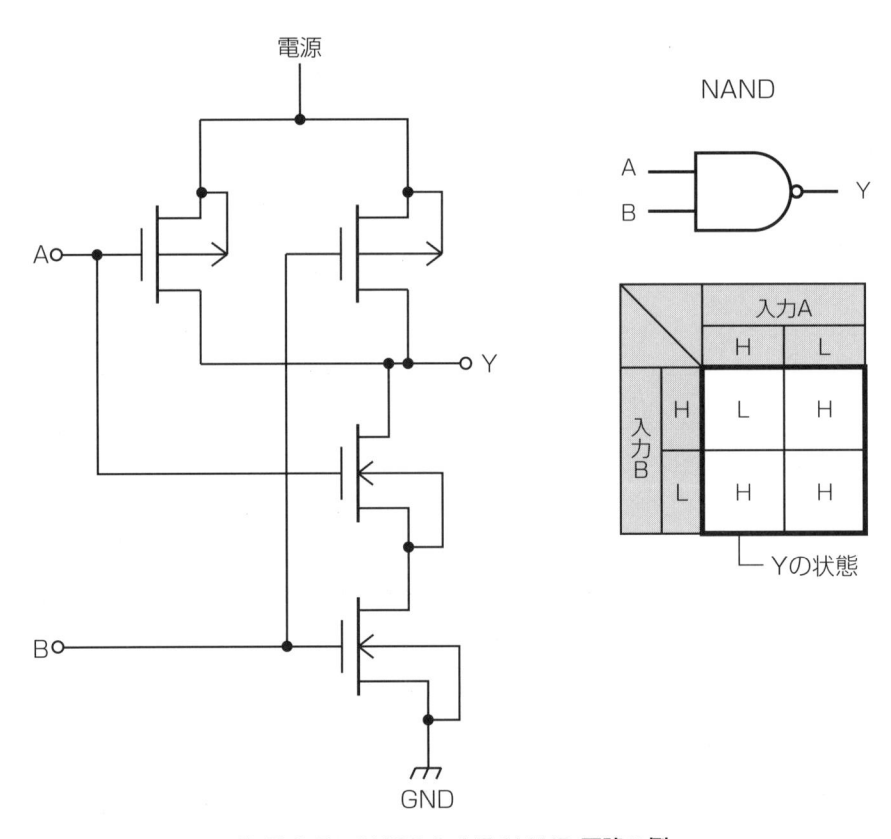

● 図 6-7　CMOS による NAND 回路の例

● 図6-8　CMOSによるNOR回路の例

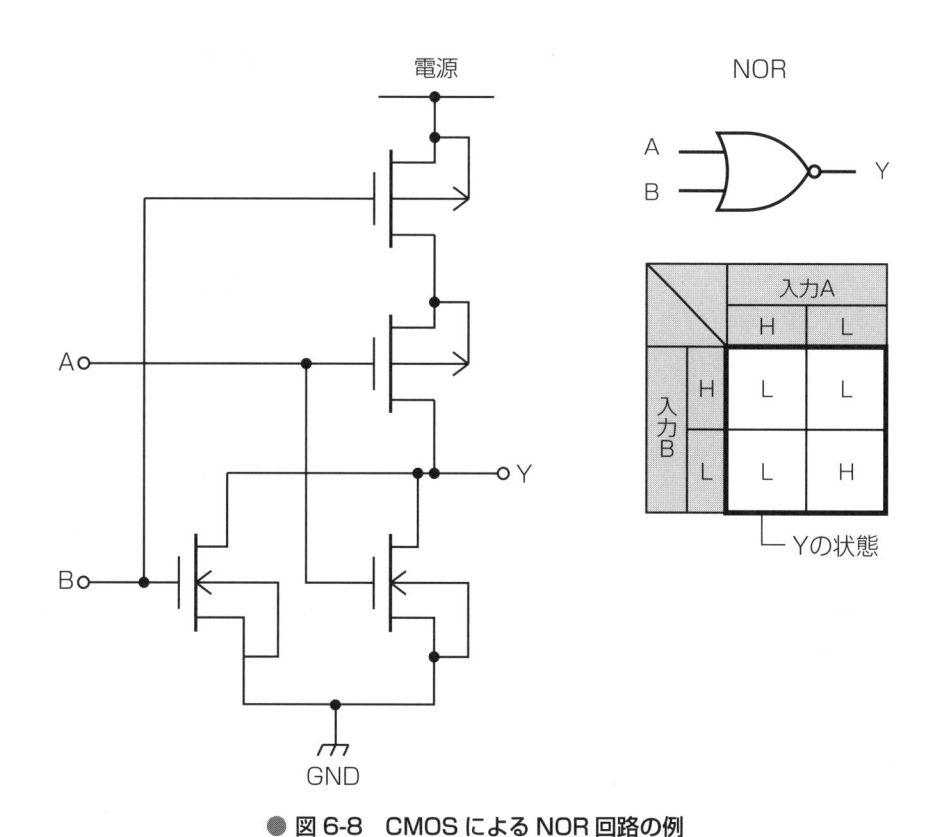

　このような回路を作ることで、論理回路の基本要素を作り出すことができる。
　論理学ではANDとORとNOT（INV=反転）が基本要素だが、CMOS構造を意識した論理回路の基本要素はNANDとNORとNOT（INV=反転）もよく利用される。
　ここでは、入力の本数を2本の例で示したが、これらの数を3入力や4入力でも作ることができる。その場合は、直列あるいは並列になったn-chやp-chのFETの数を増やして、同様の構造を作ればよい。
　論理回路の集積回路（Logic-IC）は基本的にはこれらの要素で構成される。
　実際の電子回路には、論理回路以外に、記憶素子（メモリー）なども必要であり、電気的に再書き込みができ、電源を供給しなくても記憶内容が消えてしまわないもの（EEPROM）も普及している。
　この技術は、デジタルカメラのメモリーやUSBメモリーに応用されている。

　ICには論理回路だけでなく、音声信号を大きく増幅するアンプや、電源回路を構成し、電源の効率を上げるICなど、さまざまなICが身の回りで活用されている。

第6章　不純物半導体の応用、ダイオードとトランジスタ

これらのICのほとんどは、素材にシリコンを使っている。

本書で解説した、シリコンの物性的な性質が、このような応用を作り出しているのである。

🔹 バイポーラ・トランジスタ（npn型）の動作概念

np接合（pn接合を左右入れ替えた状態を示すだけ）とpn接合をつないだ場合を考える、ただし、p型の領域を狭くする（図6-9）。

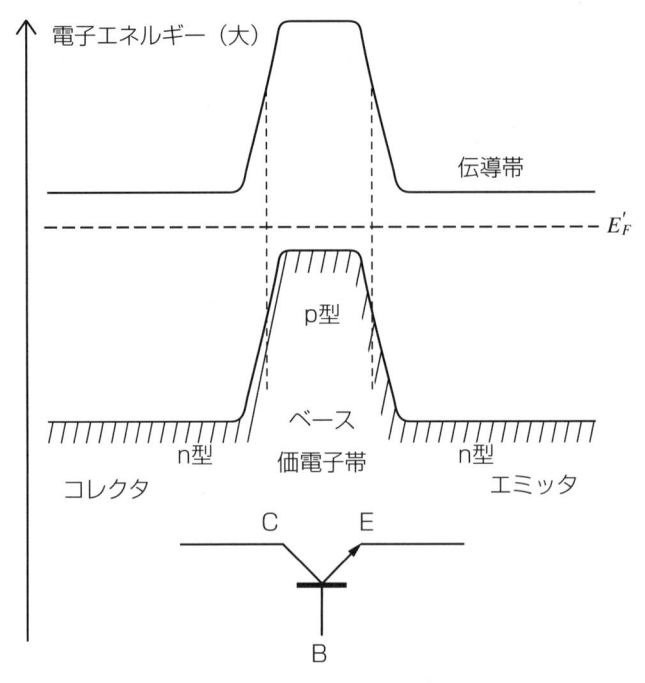

● 図6-9　npnトランジスタのエネルギーレベル

このnpn接合に、E（エミッタ）を基準にして、C（コレクタ）にプラスの電圧をかける。この時、B（ベース）はEと同電位にしておく。すると、フェルミレベルはコレクタ側が下がる（電子の立場で見たエネルギーが低くなる）。（図6-10）

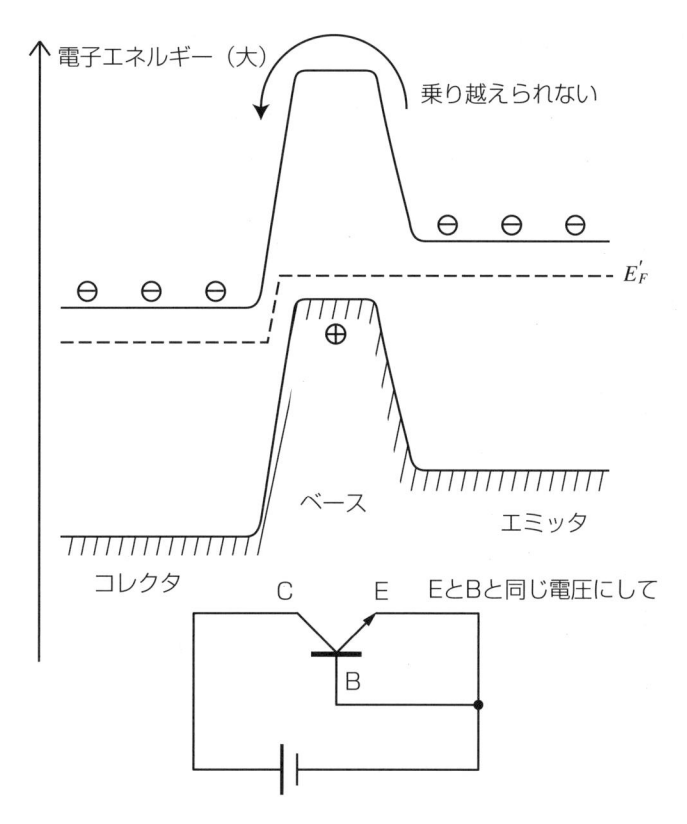

● 図6-10　npnトランジスタに電圧をかけた時のエネルギーレベル

　この状態では、フェルミ・レベルは平衡状態ではないので、擬フェルミ・レベル（E_F'）と呼ぶ。
　このままでは、Cの電位が下がっても、Bの領域の壁があって、電子はEからCに向かって、伝導帯を通って流れていかない。

第6章　不純物半導体の応用、ダイオードとトランジスタ　　173

つぎに、Bに電流を流すと（Bから外に電子を吸い出すような回路を作ると）、Bの電子エネルギーが下がる。言い方を変えると、BからEに向かって、順方向に電流が流れるようになる（図6-11）。

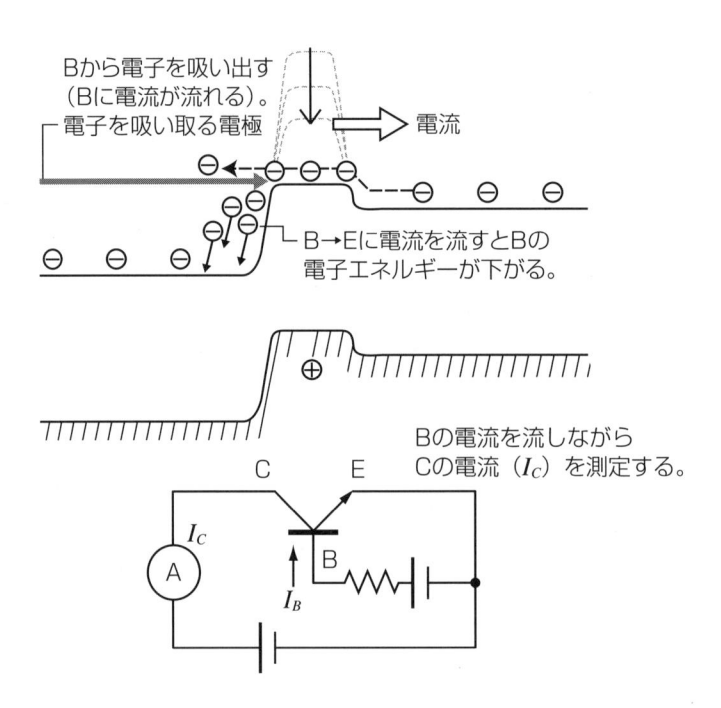

● 図6-11　npnトランジスタに電圧を加えベース電流を流した時

すると、EからBの狭い領域を通って、(Bから電子を引き出す回路とは別に) EからCに向かって、電子が落ち込んでくる（図6-12）。すなわち、CからEに向かって電流が流れるようになる。

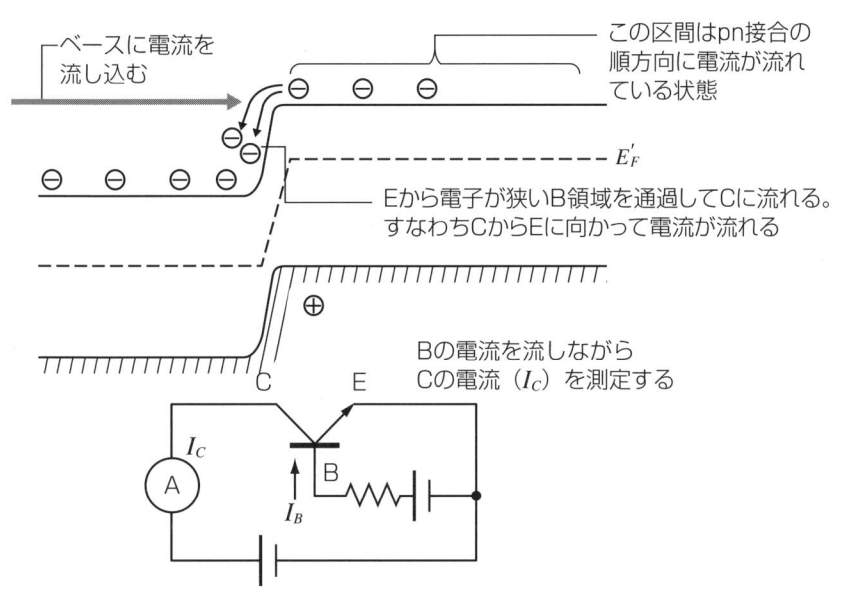

● 図6-12　図6-11よりさらにベース電流を多く流した時

ここで、もしp型の領域が長かったらどうなるだろうか（図6-13）？

構造は、あたかも2つのpn接合ダイオードが、アノード同士を背中合わせにつながったようなかたちをしている。この真ん中の領域をXとし、Xから電子を吸い出して、Xの領域の電子エネルギーを下げた場合を考えてみる（図6-14）。

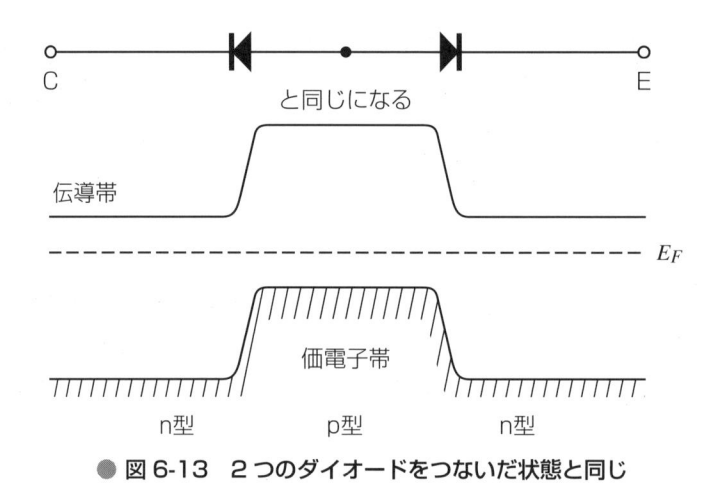

● 図6-13　2つのダイオードをつないだ状態と同じ

● 図6-14　電子の再結合

Xの領域の電子エネルギーが下がり、Eの領域からXの領域に電子が流れ出し、すなわちXからEに向かって、順方向に電流が流れる。

ところが、Xの領域（p型）の距離が長いと、p型の伝導帯の電子は、ホールと結びつくことで、電子エネルギーを下げ、安定した状態になる。このEから流れ出した電子とp型のホールが結びつくことを「電子・ホールの再結合」という。

すると、XからCに向かって落ち込む電子の数はほとんどなくなり、XとC

との間では電流が流れない。すなわち、CとXはpn接合の逆方向接続の状態と同じである。

npnトランジスタの場合は、Xの領域を狭くしたことで、電子・ホールの再結合の確率が小さく、EとCの間に電子の流れを作り出せる。これがBの領域を狭くする理由である。

ここまでの説明では、ベース電流の約100倍の電流がCからEに向かって流れることのイメージはわきにくいかもしれない。ただ、Bの領域の電子エネルギーを下げるためには、実はわずかな電流で下げることができるので、EからCに向かって大量の電子が滝のようになって落ち込んでいるという映像を思い浮かべてもらいたい。この話をさらに定量的に近づけて説明するのは、本書の範囲を超えるので、この程度にしておく。

なお、pnpトランジスタの場合は、この説明の中に出てくる「n型」と「p型」を入れ替え、また、「電子」と「ホール」を入れ替え、電圧をかける極性（「プラス」と「マイナス」）を逆にし、「Bからの電子の吸い込み」を「Bへの電子の注入」に読み替え、グラフの縦軸のエネルギーの大きさは、電子のエネルギーと考えてもよいが、「ホールのエネルギーが低くなる方」と考えた方が、p型のホールを中心に考える時には都合がよい（図6-15）。

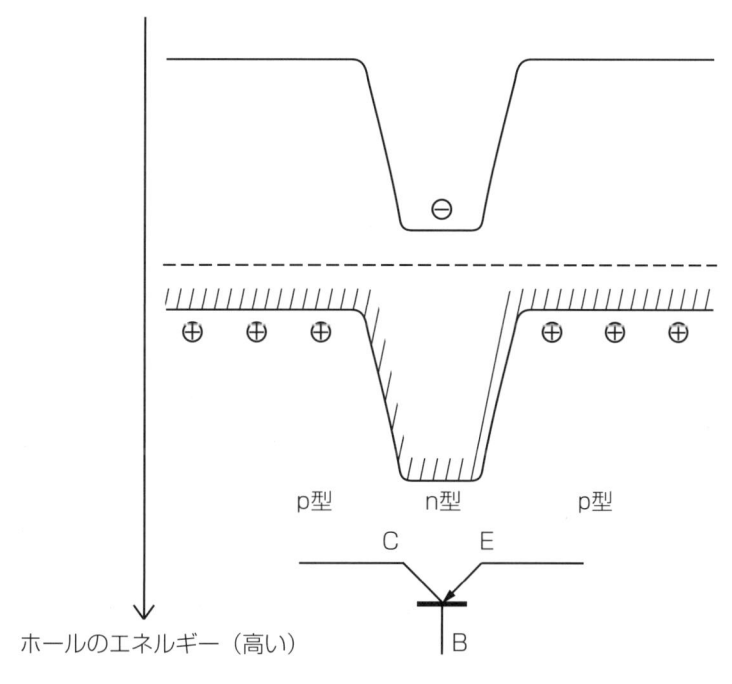

● 図6-15　pnpトランジスタのエネルギーレベル

第6章　不純物半導体の応用、ダイオードとトランジスタ

すると、ベースに電子を注入する…すなわちEからBに向かって電流が流れ、Bの部分の壁の（ホールから見た）エネルギーが下がると、npn型の場合と同じように、こんどはホールがCに向かって滝のように流れ出す（図6-16）。
　これが、pnp型の電流の流れになる。

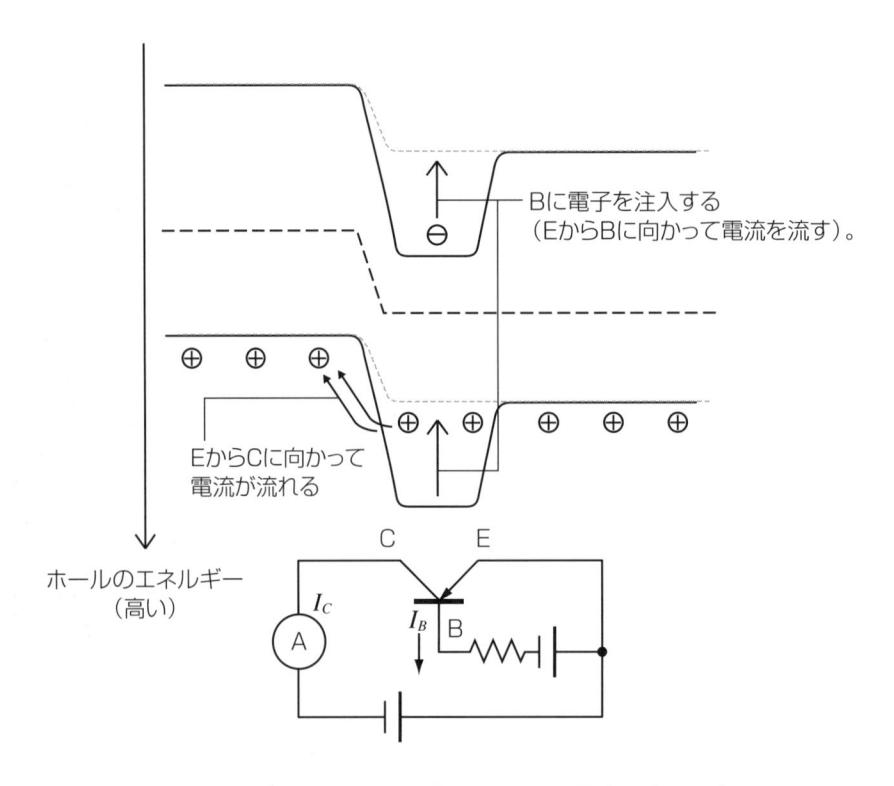

● 図6-16　pnpトランジスタにベース電流を流した時

第6章 不純物半導体の応用、ダイオードとトランジスタ

映画のチケット
なんてデートに
しても
ベタすぎますよ？
それは
メイドやめた時の
保険だ！！
メイドやめられたら
あのカレーが
くえねェだろ！？
ふふふ♡
なら
カレーたべたい
から付き合って
ってことですか
…ふふふ♡
くそう…！！
なるほど
ユタカパパに
聞いたとおりね
!?
最近付き合い悪い
と思ってたら
カレー食べたい
だけだったのね！
なら私が作って
あげるのにー！
なっ！！？
なによー！！
いきなり！！
誰よ！？
ユタカ君の
友達ですけど？
カレー作るって
言ったんですけど

バカめっ!!!
ただのカレーを作ればいいってわけじゃないんです残念でした!!

あなたのカレーの成分を分析して作ったレシピをユタカパパが私たちに教えてくれたもんね!

ママのカレーレシピ㊙

な!?

何やってんだあの親父!!?

ヒドい…

私の価値はもう…

メイ
ま…待て!!

遊園地いこー!!ユタカ君!
私は映画がいいー!
私は…

オレは…本当に感謝してるし……本当に…!!

本当に一緒にいてほしいんだ!

ぽー

伝書鳩とは…

！？

なになに…

フッ

くやしいので
カレーのほかのメニュー
学びにいきます
待っててくださいね！

ドライカレーとか…

ぽー

もっとほかにメニュー
あるだろ———！！？
メイ———！！！

私はカレーが
好きなんです！！

周期表

族\周期	I A / 1	II A / 2	III B / 3	IV B / 4	V B / 5	VI B / 6	VII B / 7	VIII / 8	VIII / 9
1	$_1$H 水素 1.008								
2	$_3$Li リチウム 6.941	$_4$Be ベリリウム 9.012							
3	$_{11}$Na ナトリウム 22.99	$_{12}$Mg マグネシウム 24.31							
4	$_{19}$K カリウム 39.10	$_{20}$Ca カルシウム 40.08	$_{21}$Sc スカンジウム 44.96	$_{22}$Ti チタン 47.87	$_{23}$V バナジウム 50.94	$_{24}$Cr クロム 52.00	$_{25}$Mn マンガン 54.94	$_{26}$Fe 鉄 55.85	$_{27}$Co コバルト 58.93
5	$_{37}$Rb ルビジウム 85.47	$_{38}$Sr ストロンチウム 87.62	$_{39}$Y イットリウム 88.91	$_{40}$Zr ジルコニウム 91.22	$_{41}$Nb ニオブ 92.91	$_{42}$Mo モリブデン 95.94	$_{43}$Tc テクネチウム (99)	$_{44}$Ru ルテニウム 101.1	$_{45}$Rh ロジウム 102.9
6	$_{55}$Cs セシウム 132.9	$_{56}$Ba バリウム 137.3	57〜71 ランタノイド *	$_{72}$Hf ハフニウム 178.5	$_{73}$Ta タンタル 180.9	$_{74}$W タングステン 183.8	$_{75}$Re レニウム 186.2	$_{76}$Os オスミウム 190.2	$_{77}$Ir イリジウム 192.2
7	$_{87}$Fr フランシウム (223)	$_{88}$Ra ラジウム (226)	89〜103 アクチノイド **	$_{104}$Rf ラザホージウム (261)	$_{105}$Db ドブニウム (262)	$_{106}$Sg シーボーギウム (263)	$_{107}$Bh ボーリウム (264)	$_{108}$Hs ハッシウム (269)	$_{109}$Mt マイトネリウム (268)

元素記号の表示例:
原子番号 → $_3$Li ← 元素記号
　　　　　リチウム ← 元素名
原子量 → 6.941

現在の「族」の表記は、アラビア数字で1族から18族までを用いることになっている。しかし、本文中にも書いたとおり、ローマ数字の表記方法が半導体産業では広く浸透しており、この表にもそのころの「族」番号を記した。
この中で、族番号に付したA（遷移金属以外）とB（遷移金属）は、これらを区別するための記号で、1972年の表記を採用した。
また、この時点では、水素はどの族にも分類されておらず、族番号としてアラビア数字の「1」が割り当てられ、また、希ガスには同じくアラビア数字の「0」が割り当てられている。
元素名で日本語で呼びならわされているものは、基本的に漢字表記をするが、常用漢字でないものはカタカナを用いている（例：ホウ素＝硼素、スズ＝錫）。

* ランタノイド

$_{57}$La ランタン 138.9	$_{58}$Ce セリウム 140.1	$_{59}$Pf プラセオジム 140.9	$_{60}$Nd ネオジム 144.2	$_{61}$Pm プロメチウム (145)	$_{62}$Sm サマリウム 150.4

** アクチノイド

$_{89}$Ac アクチニウム (227)	$_{90}$Th トリウム 232.0	$_{91}$Pa プロトアクチニウム 231.0	$_{92}$U ウラン 238.0	$_{93}$Np ネプツニウム (237)	$_{94}$Pu プルトニウム (239)

	ⅠB	ⅡB	ⅢA	ⅣA	ⅤA	ⅥA	ⅦA	希ガス
10	11	12	13	14	15	16	17	18
								$_2$He ヘリウム 4.003
			$_5$B ホウ素 10.81	$_6$C 炭素 12.01	$_7$N 窒素 14.01	$_8$O 酸素 16.00	$_9$F フッ素 19.00	$_{10}$Ne ネオン 20.18
			$_{13}$Al アルミニウム 26.98	$_{14}$Si ケイ素 28.09	$_{15}$P リン 30.97	$_{16}$S 硫黄 32.07	$_{17}$Cl 塩素 35.45	$_{18}$Ar アルゴン 39.95
$_{28}$Ni ニッケル 58.69	$_{29}$Cu 銅 63.55	$_{30}$Zn 亜鉛 65.41	$_{31}$Ga ガリウム 69.72	$_{32}$Ge ゲルマニウム 72.64	$_{33}$As ヒ素 74.92	$_{34}$Se セレン 78.96	$_{35}$Br 臭素 79.90	$_{36}$Kr クリプトン 83.80
$_{46}$Pd パラジウム 106.4	$_{47}$Ag 銀 107.9	$_{48}$Cd カドミウム 112.4	$_{49}$In インジウム 114.8	$_{50}$Sn スズ 118.7	$_{51}$Sb アンチモン 121.8	$_{52}$Te テルル 127.6	$_{53}$I ヨウ素 126.9	$_{54}$Xe キセノン 131.3
$_{78}$Pt 白金 195.1	$_{79}$Au 金 197.0	$_{80}$Hg 水銀 200.6	$_{81}$Tl タリウム 204.4	$_{82}$Pb 鉛 207.2	$_{83}$Bi ビスマス 209.0	$_{84}$Po ポロニウム (210)	$_{85}$At アスタチン (210)	$_{86}$Rn ラドン (222)
$_{110}$Ds ームスタチウム (269)	$_{111}$Rg レントゲニウム (272)	112 (277)	113 (278)					

本表に示した原子量はIUPAC（国際純正・応用化学連合）によって勧告された値を有効数字4けたに四捨五入したものである。

$_{63}$Eu ウロピウム 152.0	$_{64}$Gd ガドリニウム 157.3	$_{65}$Tb テルビウム 158.9	$_{66}$Dy ジスプロシウム 162.5	$_{67}$Ho ホルミウム 164.9	$_{68}$Er エルビウム 167.3	$_{69}$Tm ツリウム 168.9	$_{70}$Yb イッテルビウム 173.0	$_{71}$Lu ルテチウム 175.0
$_{95}$Am アメリシウム (243)	$_{96}$Cm キュリウム (247)	$_{97}$Bk バークリウム (247)	$_{98}$Cf カリホルニウム (252)	$_{99}$Es アインスタイニウム (252)	$_{100}$Fm フェルミウム (257)	$_{101}$Md メンデレビウム (258)	$_{102}$No ノーベリウム (259)	$_{103}$Lr ローレンシウム (262)

索引

INDEX

数字

- 2 進数……………………………… 49
- 2 値論理…………………………… 42

アルファベット

- B =ベース………………………… 147
- bit（ビット）……………………… 44
- C =コレクタ……………………… 147
- CCD（電荷移動素子）…………… 14
- CPU ………………………………… 20
- D = ドレイン …………………… 156
- E = エミッタ …………………… 147
- FET ………………………… 18, 158
- G = ゲート ……………………… 155
- IC …………………………………… 13
- LED ………………………………… 25
- MOS-FET ………………………… 13
- p-ch FET ………………………… 160
- p-n 接合型ダイオード ………… 136
- RAM ………………………………… 20
- ROM ………………………………… 20
- S = ソース ……………………… 156

ア行

- アクセプタレベル ……………… 126
- アナログ信号 ……………………… 52
- インゴット ……………………… 106
- エネルギーバンド ……… 80, 112, 116
- オームの法則の利用 ……………… 74
- 音声帯域周波数 …………………… 52

カ行

- 価電子帯 ………………………… 111
- 逆方向飽和電流 ………………… 142
- 禁止帯 …………………………… 111
- ゲート …………………………… 158
- ゲート電圧 ……………………… 157
- ゲルマニウム ……………………… 17
- 原子核 ……………………………… 86

サ行

- 周期表 ………………………… 93, 95
- 順方向降下電圧（V_f）………… 143
- シリコン …………………… 17, 96
- 真性半導体 ………………… 113, 118
- 静特性 …………………………… 150
- 整流素子 ………………………… 132
- 整流特性 ………………………… 95
- 正論理 …………………………… 47
- 絶縁体 …………………………… 10
- 増幅素子 ………………………… 154

タ行

- ダイオード ……………………… 23
- ダイオードの順方向 …………… 143
- 太陽電池 ………………………… 27
- チャネル ………………………… 158
- 中間的伝導特性を持つ物質 …… 77
- 中性 ……………………………… 86
- デジタル信号 …………………… 52
- 電界効果トランジスタ ………… 18
- 電源回路 …………………… 21, 22

伝導帯……………………………… 111
電波時計……………………………… 20
導体…………………………… 10, 73
トランジスタ……………………… 13
ドレイン…………………………… 157

ナ行
入出力ポート……………………… 20

ハ行
バイポーラトランジスタ… 13, 154, 158
　npn トランジスタ ……………… 177
　pnp トランジスタ ……………… 177
バックゲート……………………… 154

半導体…………………………… 9, 161
半導体材料…………………… 96, 113
比抵抗……………………………… 76
比抵抗の温度依存性……………… 78
標本化……………………………… 45
フォト・ダイオード……………… 26
フォト・トランジスタ…………… 26
不純半導体……………………… 116
不純物半導体………………… 120, 154
負論理……………………………… 47

ラ行
量子化……………………………… 45
量子力学…………………………… 87
論理回路…………………………… 46

参考文献・図書

●読み物として初心者にもわかりやすい参考図書

1) ポール・ストラザーン　著　寺西のぶ子　監訳　稲田あつ子他　共訳『メンデレーエフ元素の謎を解く』（バベル・プレス）2006 年

2) 伊達宗行　著『新しい物性物理』（講談社）2005 年

3) 桜井広　著『元素 111 の新知識』（講談社）1997 年

4) 伊豆原弓　著『HP ウエイ　──シリコンバレーの夜明け──　D・パッカード自伝』（日経 BP 出版センター）1995 年

●専門的に深く学習をする人のための図書

1) チャールス・キッテル　著　宇野良清他　共訳『キッテル固体物理学入門（第 8 版）』（丸善）2005 年
　ハードカバーで 1 冊になったものと、上・下分冊になった上製本版が出ている

2) 小川智哉　著『結晶光学の基礎』（裳華房）1998 年

3) 月花靖雄　著『改訂　電子素子　半導体デバイス入門』（学献社）1995 年

4) 国立天文台編『理科年表』（丸善）

<著者略歴>
渋谷道雄（しぶやみちお）
1971年東海大学工学部電子工学科卒。
民間医療機関の研究所にてNMRなどの研究員、外資系半導体メーカーでMOS製品の開発・企画・設計などを行い、半導体商社の技術部などを経て、現在は電子部品商社「株式会社　三共社」取締役。

<著書>
『Excelで学ぶ信号解析と数値シュミレーション』(共著、オーム社)
『Excelで学ぶフーリエ変換』(共著、オーム社)
『マンガでわかるフーリエ解析』(オーム社)

● マンガ制作　　株式会社トレンド・プロ／ブックスプラス
マンガやイラストを使った各種ツールの企画・制作を行なう1988年創業のプロダクション。
日本最大級の実績を誇る株式会社トレンド・プロの制作ノウハウを書籍制作に特化させたサービスブランドがブックスプラス。
企画・編集・制作をトータルで行なう業界屈指のプロフェッショナルチームである。

TRENDPRO BOOKS+
東京都港区新橋2-12-5 池伝ビル3F
TEL: 03-3519-6769　　FAX: 03-3519-6110

● シナリオ　　星井博文
● 作　　画　　高山ヤマ
● Ｄ　Ｔ　Ｐ　マッキーソフト株式会社

- 本書の内容に関する質問は、オーム社開発部「マンガでわかる半導体」係宛、E-mail（kaihatu@ohmsha.co.jp）または書状、FAX（03-3293-2825）にてお願いします。お受けできる質問は本書で紹介した内容に限らせていただきます。なお、電話での質問にはお答えできませんので、あらかじめご了承ください。
- 万一、落丁・乱丁の場合は、送料当社負担でお取替えいたします。当社販売管理課宛お送りください。
- 本書の一部の複写複製を希望される場合は、本書扉裏を参照してください。

JCOPY ＜（社）出版者著作権管理機構 委託出版物＞

マンガでわかる半導体

平成 22 年 4 月 23 日　　第 1 版第 1 刷発行

著　　者　渋谷道雄
作　　画　高山ヤマ
制　　作　トレンド・プロ
企画編集　オーム社 開発局
発行者　　竹生修己
発行所　　株式会社 オーム社
　　　　　郵便番号　101-8460
　　　　　東京都千代田区神田錦町3-1
　　　　　電話　03（3233）0641（代表）
　　　　　URL　http://www.ohmsha.co.jp/

© 渋谷道雄・トレンド・プロ 2010

印刷・製本　エヌ・ピー・エス
ISBN978-4-274-06803-4　Printed in Japan

好評関連書籍

マンガでわかる電気回路

飯田芳一 著
山田ガレキ 作画
パルスクリエイティブハウス 制作

B5 変判 240 頁
ISBN 978-4-274-06795-2

マンガでわかる電子回路

田中賢一 著
高山ヤマ 作画
トレンド・プロ 制作

B5 変判 186 頁
ISBN 978-4-274-06777-8

マンガでわかる電気

藤瀧和弘 著
マツダ 作画
トレンド・プロ 制作

B5 変判 224 頁
ISBN 4-274-06672-X

マンガでわかるシーケンス制御

藤瀧和弘 著
高山ヤマ 作画
トレンド・プロ 制作

B5 変判 210 頁
ISBN 978-4-274-06735-8

マンガでわかるフーリエ解析

渋谷道雄 著
晴瀬ひろき 作画
トレンド・プロ 制作

B5 変判 256 頁
ISBN 4-274-06617-7

マンガでわかる微分積分

小島寛之 著
十神真 作画
ビーコム 制作

B5 変判 240 頁
ISBN 4-274-06632-0

マンガでわかる線形代数

高橋信 著
井上いろは 作画
トレンド・プロ 制作

B5 変判 272 頁
ISBN 978-4-274-06741-9

マンガでわかる暗号

三谷政昭・佐藤伸一 共著
ひのきいでろう 作画
ウェルテ 制作

B5 変判 240 頁
ISBN 978-4-274-06674-0

好評関連書籍

マンガでわかる量子力学

川端 潔 監修
石川憲二 著
柊ゆたか 作画
ウェルテ 制作

B5 変判 256 頁
ISBN 978-4-274-06780-8

マンガでわかる宇宙

川端 潔 監修
石川憲二 著
柊ゆたか 作画
ウェルテ 制作

B5 変判 248 頁
ISBN 978-4-274-06737-2

マンガでわかる流体力学

武居昌宏 著
松下マイ 作画
オフィスsawa 制作

B5 変判 204 頁
ISBN 978-4-274-06773-0

マンガでわかる熱力学

原田知広 著
川本梨恵 作画
ユニバーサル・パブリシング 制作

B5 変判 208 頁
ISBN 978-4-274-06688-7

マンガでわかる物理 力学編

新田英雄 著
高津ケイタ 作画
トレンド・プロ 制作

B5 変判 234 頁
ISBN 4-274-06665-7

マンガでわかる相対性理論

新田英雄 監修
山本将史 著
高津ケイタ 作画
トレンド・プロ 制作

B5 変判 192 頁
ISBN 978-4-274-06759-4

マンガでわかる微分方程式

佐藤 実 著
あづま笙子 作画
トレンド・プロ 制作

B5 変判 240 頁
ISBN 978-4-274-06786-0

マンガでわかるデータベース

高橋麻奈 著
あづま笙子 作画
トレンド・プロ 制作

B5 変判 240 頁
ISBN 4-274-06631-2

◎品切れが生じる場合もございますので、ご了承ください。
◎書店に商品がない場合または直接ご注文の場合は下記宛にご連絡ください。
TEL.03-3233-0643 FAX.03-3233-3440 http://www.ohmsha.co.jp/